航空类专业职业教育系列"十三五"规划教材

JIZAI JISUANJI JISHU YU YINGYONG XIANGMU JIAOCHENG

机载计算机技术与应用项目教程

于坤林　郭晓科　吴月红　编著

西北工业大学出版社

【内容简介】　本书根据高等职业教育的特点,以"必需""够用"为原则,突出教学内容的职业性,以职业岗位核心能力为目标,精心选取教学内容。

本书采用了项目教学的编写思路,精心选取了 12 个项目:Keil C51 软件使用、Proteus 软件使用、制作流水灯、制作 60s 计数器、制作实时控制系统、单片机双机通信设计、可编程并行接口扩展设计、存储器系统设计、制作简易数字电压表、制作简易波形发生器、机载计算机设备拆装以及机载计算机设备故障分析与维修等。前 10 个项目是采用机载计算机常用处理器芯片 AT89C51 来进行设计的,这 10 个项目的设计是基于 Keil Vision 程序设计平台和 Proteus 硬件平台,项目编程采用 C 语言编程,每个项目所提供的参考程序均已经调试通过;后 2 个项目是以典型的机载计算机设备为载体,介绍设备拆卸、故障检测、故障维修以及安装等工序。

本书可作为高职高专航空计算机、航空电子设备维修等专业的教材,也可供从事航空装备维修的工程技术人员以及单片机爱好者参考。

图书在版编目(CIP)数据

机载计算机技术与应用项目教程/于坤林,郭晓科,吴月红编著 . —西安:西北工业大学出版社,2016.10

ISBN 978 - 7 - 5612 - 5116 - 4

Ⅰ.①机… Ⅱ.①于… ②郭… ③吴… Ⅲ.①机载计算机—高等职业教育—教材 Ⅳ.①V247.1

中国版本图书馆 CIP 数据核字(2016)第 239701 号

出版发行:西北工业大学出版社

通信地址:西安市友谊西路 127 号　邮编:710072

电　　话:(029)88493844　88491757

网　　址:www.nwpup.com

印 刷 者:兴平市博闻印务有限公司

开　　本:787 mm×1 092 mm　1/16

印　　张:14.25

字　　数:345 千字

版　　次:2016 年 10 月第 1 版　　2016 年 10 月第 1 次印刷

定　　价:38.00 元

前　言

为加强长沙航空职业技术学院课程改革与建设工作，提升课程改革与建设水平，提高教育教学质量，学院"十二五"期间立项建设了60门优质核心课程和一般教改课程，"机载计算机技术与应用"这门课程就是学院"十二五"期间立项并重点建设的一门优质核心课程。

航空电子电气设备的技术含量是现代飞机先进程度的重要标志，信息技术、网络技术和计算机技术的持续升级引领着现代飞机的更新换代，带动和促进了航空电子电气设备向综合化、智能化和网络化方向发展，现代飞机的高、精、尖技术主要体现在先进的航空电子电气技术，而计算机技术是航空电子电气系统最关键的技术，现代飞机的机载电子设备含有大量的计算机产品，计算机在航空电子电气系统中的作用尤为重要。

本书以目前国内外常见的机载计算机产品为对象，采用项目教学的编写思路，全书精选12个项目，包含机载计算机的软硬件组成、原理及航空总线、机载计算机设备拆装以及机载计算机设备故障分析与故障维修等知识，重点培养学生机载计算机系统拆卸、安装、调试、检修等职业能力。

本书由长沙航空职业技术学院的于坤林、郭晓科、吴月红编写。其中，项目2、项目3～项目10的第1节、第2节，项目11和项目12由于坤林编写，项目3～项目10的第3节由郭晓科编写，项目1由吴月红编写。全书由于坤林负责统稿和定稿。在编写过程中，曾参阅了大量相关文献资料，在此谨向其作者表示由衷的感谢。

由于水平有限，书中难免有不足和疏漏之处，恳请广大读者指正。

编　者

2016 年 5 月

目　录

项目 1　Keil C51 软件使用

项目目标

1. 知识目标
(1) 了解单片机程序编译环境；
(2) 熟悉 Keil C51 软件菜单功能和编辑界面；
(3) 掌握 Keil C51 软件编辑单片机程序的过程及编译调试方法。
2. 技能目标
(1) 能熟练地操作 Keil C51 软件并建立工程文件和源程序文件；
(2) 能在 Keil C51 软件编辑界面熟练地对源程序文件进行输入和编辑、编译和调试。

1.1　项 目 描 述

本节给出的是某一简单计数器程序，利用 Keil 软件输入，建立相应的工程文件和源程序文件，并编译为可执行文件，进行调试练习。

```
#include<REG51.h>
unsigned char code sz1[]={0xc0,0xf9,0xa4,0xb0,0x99,0x92,0x82,0xf8,0x80,0x90};
void delay(unsigned int a)
{
unsigned char t;
while(a――)
{
for(t=0;t<120;t++);
}
}
void main()
{
unsigned char m,i,j;
while(1)
{
for(m=0;m<60;m++)
{
i=m/10;
j=m%10;
```

— 1 —

```
P2＝sz1[i];
P3＝sz1[j];
delay(1000);
}
}
}
```

1.2　相关知识讲解

Keil C51 软件是单片机应用开发的优秀软件,它集编辑、编译、仿真于一体,界面友好,功能强大,支持51汇编、PLM和C语言及混合编程。Keil C51 能模拟开发软件在计算机上实现对单片机硬件的仿真、指令仿真、运行状态仿真,不需要在线的仿真器和目标板。软件的模拟调试功能强大,能实现单步、跟踪、检查和修改功能,并且还能模拟产生各种中断和I/O应答过程。开发系统仿真软件可以使学习者和开发者脱离硬件进行全软件仿真。

1.2.1　μVision3 界面简介

点击 μVision3 启动图标,出现如图 1.1 所示的启动界面,稍后出现如图 1.2 所示的编辑界面。

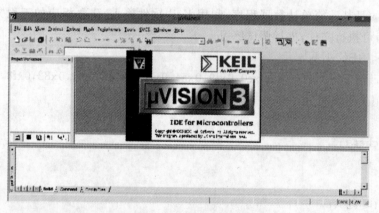

图 1.1　μVision3 启动主界面

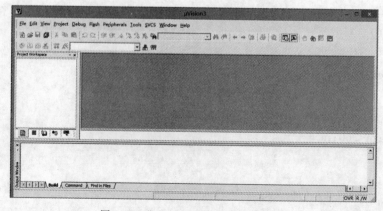

图 1.2　进入 Keil C51 后的编辑界面

　　编辑界面主要由项目窗口、源程序文件编辑窗口、输出窗口组成,μVision3 允许同时打开、浏览多个文件。

　　(1)项目窗口:包含 3 个页面(Files,Regs,Books),默认为 Files 页面,用来显示项目中包含的工程和文件名。

　　(2)源程序文件编辑窗口:编辑源程序。

　　(3)输出窗口:包含 3 个页面(Build,Command,Find in Files),默认为 Bilud 页面,用来显示工程文件编译时的结果。

　　现在对 μVision3 的工具栏进行简单介绍。

　　1.文件操作工具栏

📄　←创建新的源程序文件。

📂　←打开源程序文件。

💾　←保存源程序文件。

💾　←保存所有文件。

　　2.编辑工具栏

　　←将所选文本右移一个制表键的距离。

　　←将所选文本左移一个制表键的距离。

　　←设置/取消当前行的标签。

　　←移动光标到下一个标签处。

　　←移动光标到上一个标签处。

　　←清除当前文件的所有标签。

　　←在当前文件中查找文本。

　　3.视图工具栏

　　←打开资源浏览器。

　　4.调试工具栏

　　←开始/停止调试模式。

　　←设置/取消当前行的断点。

　　←取消所有的断点。

　　←使能/禁止当前行的断点。

　　←禁止所有的断点。

　　5.项目操作工具栏

　　←编译当前文件。

　　←编译修改过的文件并生成应用。

　　←重新编译所有的文件并生成应用。

　　←停止生成当前应用的过程。

　　←下载当前文件到 Flash 存储器。

　　←设置对象、组或文件的工具选项。

1.2.2　Keil C51 软件使用方法

1. 建立工程文件

(1)建立一个新工程。单击 Project 菜单,如图 1.3 所示,在弹出的下拉菜单中选 New Project 选项。

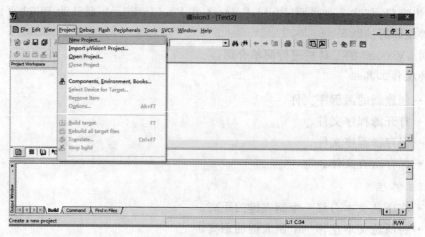

图 1.3　选择 New Project 选项

(2)选择保存的路径。输入工程文件的名字,比如保存到 jsq 目录里。工程文件的名字为 ykl,如图 1.4 所示,然后点击保存。

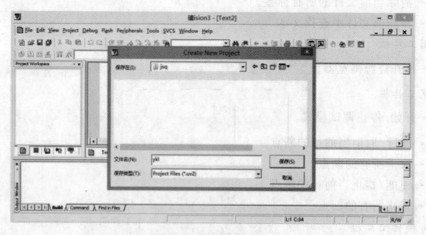

图 1.4　选择保存路径

(3)新建工程后弹出一个对话框,要求选择单片机的型号,可以根据你使用的单片机来选择,Keil C51 支持绝大部分的 51 系列单片机,这里还是以常用 Atmel 的 89C51 来说明,如图 1.5 所示,选择 89C51 之后,右边栏是对该单片机的基本说明。

(4)点击确定后,界面如图 1.6 所示。到此为止建立了一个工程。

图 1.5　单片机型号选择

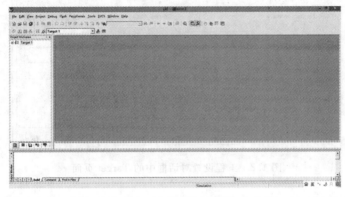

图 1.6　创建工程完成窗口

2. 工程设置

工程建立好以后,还要对工程进行进一步的设置,以满足要求。使用菜单"Project＞Option for target 'target1'"或右击 Project 窗口的 Target 1,选择 Option for target 'target1'即出现对工程设置的对话框,如图 1.7 所示。

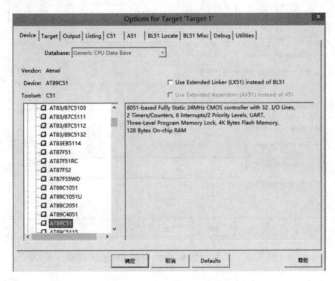

图 1.7　工程设置对话框

设置对话框中的 Target 页面如图 1.8 所示，Xtal 后面的数值是晶振频率值，默认值是所选目标 CPU 的最高可用频率值，对于我们所选的 AT89C51 而言是 12.0MHz。正确设置该数值可使显示时间与实际所用时间一致，一般将其设置成与你的硬件所用晶振频率相同，如果没必要了解程序执行的时间，也可以不设，这里设置为 12MHz。

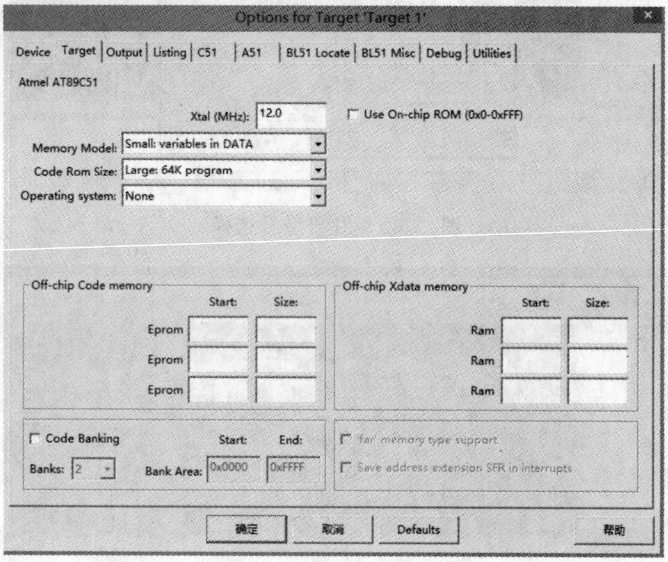

图 1.8　工程设置对话框中的 Target 页面

设置对话框中的 Output 页面如图 1.9 所示，这里面也有多个选择项，其中 Creat Hex file 用于生成可执行代码文件（可以用编程器写入单片机芯片的 HEX 格式文件，文件的扩展名为.HEX），默认情况下该项未被选中，如果要写片做硬件实验，就必须选中该项。

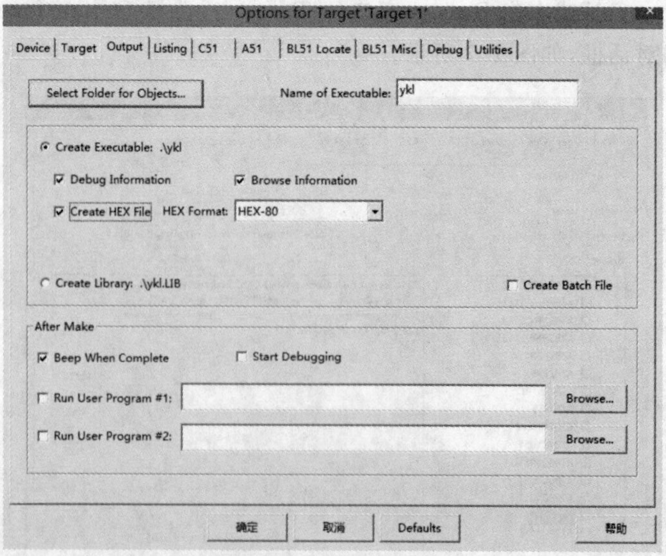

图 1.9　工程设置对话框中的 Output 页面

Debug 标签页用于设置对用户程序的调试方式,如图 1.10 所示。选中圆形单选框"Use Simulator"时采用 μVision3 模拟器进行调试,选中圆形单选框"Use Keil Monitor‑51 Driver"时采用 Keil 公司提供的监控程序进行调试,同时可以在下拉框中进行选择,前者在 μVision3 环境中仅用软件方式即可完成对用户程序的调试,后者需要硬件目标板或相应硬件虚拟仿真环境的支持。

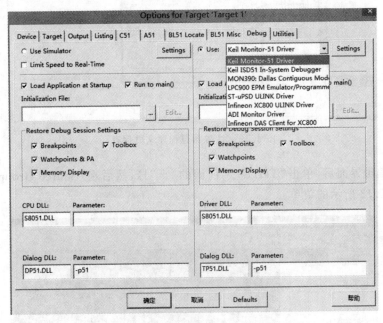

图 1.10　工程设置对话框中的 Debug 页面

设置完成后按"确认"返回主界面,工程文件建立、设置完毕。

3. 编辑源程序

(1)使用菜单"File→New"或者点击工具栏的新建文件按钮,即可在项目窗口的右侧打开一个新的文本编辑窗口,在该窗口中输入 C 语言源程序,源程序编辑如图 1.11 所示。

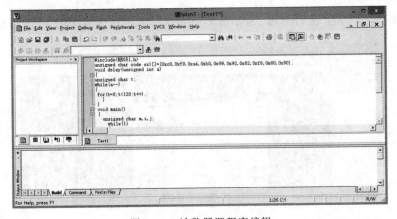

图 1.11　计数器源程序编辑

源程序编辑完后,保存该源程序文件,保存时注意必须加上扩展名,这里假定将文件保存为 ykl. c,如图 1.12 所示。

图 1.12　计数器源程序文件保存

（2）回到编辑界面后，单击"Target 1"前面的"＋"号，然后在"Source Group 1"上单击右键，弹出如图 1.13 所示的菜单。

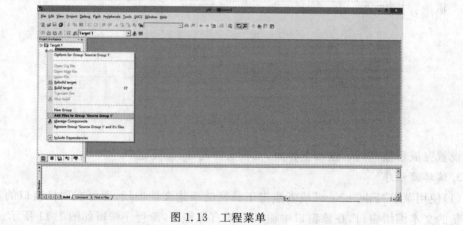

图 1.13　工程菜单

然后单击"Add Files to Group 'Source Group1'"，弹出对话框如图 1.14 所示。

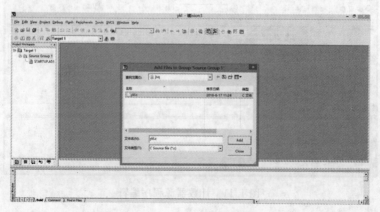

图 1.14　添加文件对话框

选中 ykl. c,然后单击"Add",结果如图 1.15 所示。

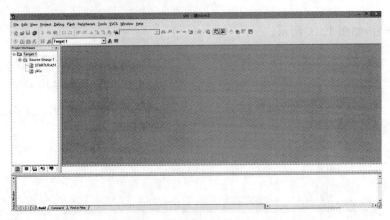

图 1.15　编译程序窗口

此时发现"Source Group 1"文件夹中多了一个子项"ykl. c",子项的多少与所增加的源程序的多少相同。

(3)输入 C 语言源程序:

```c
#include<REG51.h>
unsigned char code sz1[]={0xc0,0xf9,0xa4,0xb0,0x99,0x92,0x82,0xf8,0x80,0x90};
void delay(unsigned int a)
{
unsigned char t;
while(a——)
{
for(t=0;t<120;t++);
  }
}
void main()
{
    unsigned char m,i,j;
    while(1)
{
for(m=0;m<60;m++)
{
    i=m/10;
    j=m%10;
    P2=sz1[i];
    P3=sz1[j];
    delay(1000);
  }
```

```
        }
    }
```

输入完毕后,如图 1.16 所示。

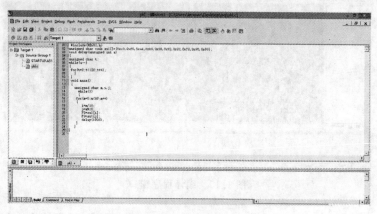

图 1.16　输入程序

4.编译调试程序

(1) 在设置好工程后,即可进行编译、链接。选择菜单"Project→Build target"或通过右击 Project Workspace 区中的 Source Group1,选择 Build target,对当前工程进行链接,如果当前文件已修改,软件会先对该文件进行编译,然后再链接以产生目标代码;如果选择 Rebuild All target files,将会对当前工程中的所有文件重新进行编译然后再链接,确保最终产生的目标代码是最新的,而 Translate … 项则仅对该文件进行编译,不进行链接。

在图 1.16 中,单击"Project"菜单,在弹出的下拉菜单中单击"Built Target"选项(或者使用快捷键 F7 或点击工具栏 图标),编译成功后,显示如图 1.15 所示的窗口。编译过程中的信息将出现在输出窗口中的 Build 页中,如果源程序中有语法错误,会有错误报告出现,双击该行,可以定位到出错的位置。对源程序反复修改之后,最终会得到如图 1.17 所示的结果,提示获得了名为 ykl. hex 的文件。

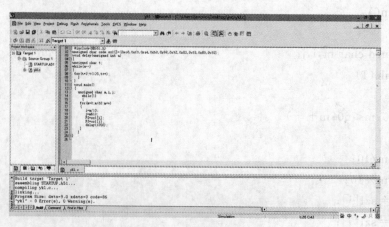

图 1.17　编译成功窗口

编译成功后，再单击"Project"菜单，在弹出的下拉菜单中单击"Start/Stop Debug Session"（或者使用快捷键 Ctrl＋F5），回到调试窗口，屏幕如图 1.18 所示。

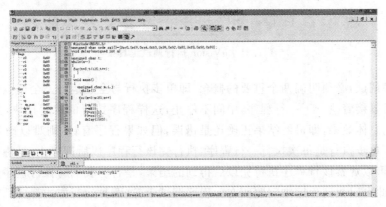

图 1.18　回到调试窗口

（2）调试程序。在图 1.16 中，单击"Debug"菜单，在弹出的下拉菜单中单击"Run"选项（或者使用快捷键 F5），然后再单击"Debug"菜单，程序就开始运行，如图 1.19 所示。在下拉菜单中单击"Stop Running"选项，再单击"View"菜单，在弹出的下拉菜单中单击"Serial Windows ♯ 1"选项，就可以看到程序运行的结果。

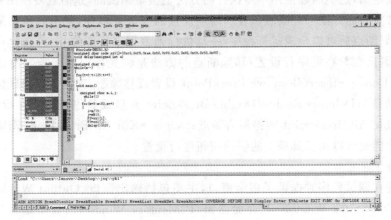

图 1.19　运行程序窗口

5.常用调试命令

在对程序成功地进行编译、链接以后，按快捷键 Ctrl＋F5 或者使用菜单"Debug→Start/Stop Debug Session"，或者左击工具条上的 @ 按钮，如图 1.20 所示，即可进入调试状态。

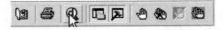

图 1.20　程序调试选择

进入调试状态后，Debug 菜单项中原来不能用的命令现在已可以使用了，工具栏会多出一个用于运行和调试的工具条，如图 1.21 所示，从左到右依次是复位、全速运行、暂停、单步运行、过程单步、执行完当前子程序、运行到当前行、下一状态、打开跟踪、观察跟踪、反汇编窗口、观察窗口、代码作用范围分析、1♯串行窗口、内存窗口、性能分析、工具按钮等命令。

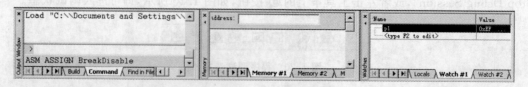

图 1.21 μVision 运行调试工具条

学习程序调试,必须明确两个重要的概念,即单步执行与全速运行。全速执行是指一行程序执行完以后紧接着执行下一行程序,中间不停止,这样程序执行的速度很快,并可以看到该段程序执行的总体效果,即最终结果正确还是错误,但如果程序有错,则难以确认错误出现在哪些程序行。单步执行是每次执行一行程序,执行完该行程序以后即停止,等待命令执行下一行程序,此时可以观察该行程序执行完以后得到的结果,是否与我们写该行程序所想要得到的结果相同,借此可以找到程序中问题所在。程序调试中,这两种运行方式都要用到。

使用工具栏上的 STEP 按钮或使用快捷键 F11 可以单步执行程序,使用工具栏上的 STEP OVER 按钮或功能键 F10 可以以过程单步形式执行命令。所谓过程单步,是指将汇编语言中的子程序或高级语言中的函数作为一个语句来全速执行。

6. 断点设置

程序调试时,一些程序运行必须满足一定的条件才能被执行到,这些条件往往是异步发生或难以预先设定的,这类问题使用单步执行的方法是很难调试的,这时就要使用到程序调试中的另一种非常重要的方法——断点设置。断点设置的方法有多种,常用的是在某一程序行设置断点,设置好断点后可以全速运行程序,一旦执行到该程序行即停止,可在此观察有关变量值,以确定问题所在。在程序行设置/移除断点的方法是将光标定位于需要设置断点的程序行,使用菜单 Debug→Insert/Remove BreakPoint 设置或移除断点(也可以用鼠标在该行双击实现同样的功能);Debug→Enable/Disable Breakpoint 开启或暂停光标所在行的断点功能;Debug→Disable All Breakpoint 暂停所有断点;Debug→Kill All BreakPoint 清除所有的断点设置。这些功能也可以用工具条上的快捷按钮进行设置。

7. 调试时常用窗口

Keil 软件在调试程序时提供了多个窗口,主要包括输出窗口(Output Windows)、观察窗口(Watch&Call Statck Windows)、存储器窗口(Memory Window)、反汇编窗口(Dissambly Window)、串行窗口(Serial Window)等。进入调试模式后,可以通过菜单 View 下的相应命令打开或关闭这些窗口。

图 1.22 所示为输出窗口、观察窗口和存储器窗口,各窗口的大小可以使用鼠标调整。进入调试程序后,输出窗口自动切换到 Command 页。该页用于输入调试命令和输出调试信息。

图 1.22 输出窗口、观察窗口和存储器窗口

(1)存储器窗口。存储器窗口中可以显示系统中各种内存中的值,通过在 Address 后的编

辑框内输入"字母:数字"即可显示相应内存值,其中字母可以是 C,D,I,X,分别代表代码存储空间、直接寻址的片内存储空间、间接寻址的片内存储空间、扩展的外部 RAM 空间,数字代表想要查看的地址。例如输入 D:00H 即可观察到地址 00H 开始的片内 RAM 单元值;键入 C:00H 即可显示从 00H 开始的 ROM 单元中的值,即查看程序的二进制代码。该窗口的显示值可以以各种形式显示,如十进制、十六进制、字符型等,改变显示方式的方法是点鼠标右键,如图 1.23 所示,在弹出的快捷菜单中选择。该菜单用分隔条分成 3 部分,其中第一部分与第二部分的 3 个选项为同一级别,选中第一部分的任一选项,内容将以整数形式显示,而选中第二部分的 Ascii 项则将以字符形式显示,选中 Float 项将以相邻 4 字节组成的浮点数形式显示,选中 Double 项则将以相邻 8 字节组成的双精度形式显示。第一部分又有多个选择项,其中 Decimal 项是一个开关,如果选中该项,则窗口中的值将以十进制的形式显示,否则按默认的十六进制方式显示。Unsigned 和 Signed 后分别有 3 个选项:Char,Int,Long,分别代表以单字节方式显示、将相邻双字节组成整型数方式显示、将相邻 4 字节组成长整型方式显示,而 Unsigned 和 Signed 则分别代表无符号形式和有符号形式,究竟从哪一个单元开始的相邻单元则与你的设置有关,以整型为例,如果你输入的是 I:0,那么 00H 和 01H 单元的内容将会组成一个整型数,而如果你输入的是 I:1,则 01H 和 02H 单元的内容全组成一个整型数,以此类推。默认以无符号单字节方式显示。第三部分的 Modify Memory at X:xx 用于更改鼠标处的内存单元值,选中该项即出现如图 1.24 所示的对话框,可以在对话框内输入要修改的内容。

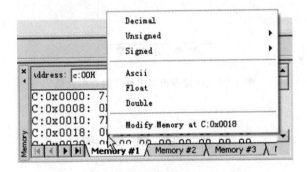

图 1.23 存储器窗口中数值显示形式的修改

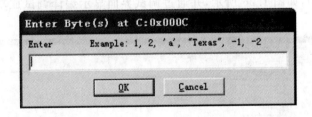

图 1.24 存储器窗口中修改内存单元值

(2)观察窗口。观察窗口是一个很重要的窗口,如果需要观察其他的寄存器的值或者在高级语言编程时需要直接观察变量,就要借助于观察窗口了。一般情况下,我们仅在单步执行时才对变量的值的变化感兴趣。全速运行时,变量的值是不变的,只有在程序停下来之后,才会将这些值最新的变化反映出来,但是,在一些特殊场合下我们也可能需要在全速运行时观察变量的变化,此时可以点击 View→Periodic Window Updata(周期更新窗口)或单击调试工具栏

中的 ✗ 按钮更新窗口,确认该项处于被选中状态,即可在全速运行时动态地观察有关值的变化。但是,选中该项,将会使程序模拟执行的速度变慢。

(3)工程窗口寄存器页。如图 1.25 所示是工程窗口寄存器页的内容,寄存器页包括了当前的工作寄存器组和系统寄存器。系统寄存器组中有一些是实际存在的寄存器,如 A,B,DPTR,SP,PSW 等,有一些是实际中并不存在或虽然存在却不能对其操作的寄存器,如 PC,Status 等。每当程序中执行到对某寄存器的操作时,该寄存器会以反色(蓝底白字)显示,用鼠标单击,然后按下 F2 键,即可修改该值。

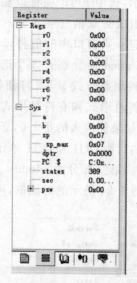

图 1.25　存储器窗口中修改内存单元值

1.3　项 目 实 现

打开 Keil 软件,在操作界面建立工程文件 jsq. μv3,同时建立汇编源程序文件 jsq. c,并将源程序添加到工程中,如图 1.26 所示,并通过调试界面显示编译调试成功的界面,如图 1.27所示。

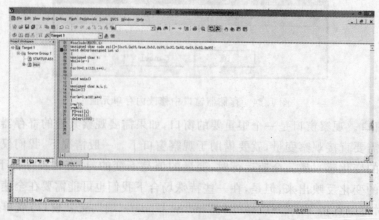

图 1.26　jsq. c 编辑完后的界面

图 1.27　源程序编译调试成功界面

项目 2　Proteus 软件使用

项目目标

1.知识目标

(1)掌握 Proteus 软件的编辑界面以及软件菜单的功能;

(2)了解 Proteus 软件的基本应用;

(3)熟悉 Proteus 的设计环境 Proteus ISIS;

(4)掌握 Proteus 软件实现单片机系统设计与仿真的步骤与方法。

2.技能目标

(1)能使用 Proteus 软件对单片机硬件电路进行设计;

(2)能将 Proteus 软件与 Keil 软件进行结合,对单片机软硬件进行联合调试。

2.1　项 目 描 述

在 Proteus 软件界面上完成如图 2.1 所示电路图的设计与绘制,进行相关参数的设置,并联合 Keil 进行初步调试练习。

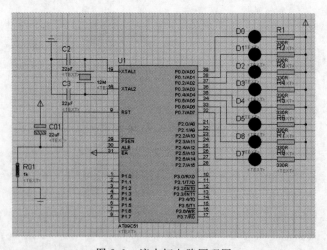

图 2.1　流水灯电路原理图

2.2　相关知识讲解

Proteus 是英国 Labcenter electronics 公司研发的一款集单片机仿真和 SPICE 分析于一体的 EDA 工具软件,从 1989 年问世至今,经过了近 30 年的使用、发展和完善,功能越来越强,性能越来越好,已在全球广泛使用。在国外有包括斯坦福、剑桥等在内的数千家高校将Proteus作为电子工程学位的教学和实验平台;在国内 Proteus 也广泛应用于高校的大学生或研究生电子教学与实验以及公司实际电路设计与生产。

2.2.1　Proteus 软件简介

1. Proteus 软件特点

Proteus 软件主要具有以下特点:

(1)具有强大的原理图绘制功能。

(2)实现了单片机仿真和 SPICE 电路仿真相结合。具有模拟电路仿真、数字电路仿真、单片机及其外围电路的系统仿真、RS232 动态仿真、I2C 调试器、SPI 调试器、键盘和 LCD 系统仿真的功能;有各种虚拟仪器,如示波器、逻辑分析仪、信号发生器等。

(3)支持主流单片机系统的仿真。目前支持的单片机类型有 68000 系列、8051 系列、AVR系列、PIC12 系列、PIC16 系列、PIC18 系列、280 系列、HC11 系列等。

(4)提供软件调试功能。具有全速、单步、设置断点等调试功能,同时可以观察各变量以及寄存器等的当前状态,并支持第三方编译和调试环境,如 wave6000,Keil 等软件。

2. Proteus 体系结构

Proteus 的基本结构体系见表 2.1。

表 2.1　Proteus 结构体系

		ISIS
Proteus	Proteus VSM	Prospice
		微控制器 CPU 库
		元器件和 VSM 动态器件库
		ASF
	Proteus PCB Design	ISIS
		ASF
		ARES

表 2.1 中有关概念的说明:

- Proteus VSM(Virtual System Modelling):Proteus 虚拟系统模型。
- ISIS(Intelligent Schematic Input System):智能原理图输入系统。
- Prospice:混合模型仿真器。
- ASF(Advanced Simulation Feature):高级图表仿真。
- Proteus PCB Design:Proteus:印刷电路板设计。
- ARES(Advanced Routing and Editing Sofiware):高级布线编辑软件。

Proteus 主要由下述两大部分组成。

ISIS:用于电路原理图的设计及交互仿真。

ARES:主要用于印制电路板的设计,产生最终的 PCB 文件。

本书着重讲解 Proteus 原理图设计以及利用 Proteus 实现单片机应用电路系统的设计与仿真方法。

3. Proteus 运行环境

要运行 Proteus 系统,要求计算机系统满足以下软件和硬件环境。

(1) Win 98/Me/2000/XP 或更高版本的操作系统。

(2) 200MHz 或更高速的 Pentium CPU。

(3) 64MB 或以上的内存空间。

(4) 64MB 或以上的可用硬盘空间。

(5)显示器分辨率设置为 1280 像素×1024 像素。

用 Proteus VSM 实时仿真时,则要求 300MHz 以上的 Pentium CPU。如果用 Proteus 实时仿真的电路系统较大或较复杂,可采用更高配置的计算机系统,以便获得更好的方针效果。

4. Proteus 的主要功能

(1)Proteus VSM 功能。Proteus VSM 能实现数字电路、模拟电路及数/模混合电路的设计和仿真,特别是能实现单片机与外设的混合电路系统、软件系统的设计与仿真。后者是 Proteus 最具特色的革命性功能。在仿真过程中,用户可以用鼠标单击开关、键盘、电位计、可调电阻等动态外设模型,使单片机系统根据输入信号作出相应的响应,并将响应结果实时地显示在 LED,LCD 等动态显示器件上,实现实时交互式仿真。整个过程与真实的软件、硬件调试过程相似。

(2)Proteus PCB 设计功能。Proteus PCB 设计系统是基于高性能网表的设计系统,组合了 ISIS 原理图捕捉和 ARES PCB 输出程序,构成一个强大的易于使用的设计 PCB 的工具包,能完成高效、高质的 PCB 设计。所有的 Proteus PCB 设计都包括 一个基本的 SPICE 仿真功能,还可以加入 ASF 来扩展该功能。

5. Proteus VSM 主要功能模块与资源

(1)Proteus 智能原理图输入系统(ISIS)。Proteus 智能原理图输入系统远非一个智能原理图输入系统。它既是智能原理图设计、绘制和编辑的环境,又是数字电路、模拟电路及数/模混合电路设计与仿真的环境,同时更是单片机与外设的设计、仿真环境。它提供了进行设计的方法,为单片机系统的实时交互仿真提供了结构体系,为单片机编辑源程序、产生目标代码提供了管理系统,为单片机系统仿真测试提供了虚拟仪器和 ASF,可以说 Proteus VSM 的内容都整合到其中了。所以实际上它是单片机系统的设计和仿真平台。它具有如下特点:

1)个性化的编辑环境:可定义线宽、填充类型、颜色、字体等,用户界面友好、时尚。

2)快捷选取/放置元器件:通过模糊搜索可快速从众多的元器件库中选取元器件,放置、编辑元器件方便、快速。

3)自动捕捉、自动布线:鼠标驱动绘图过程,以器件为导向自动布线,自动放置连线、点等,使连线轻松、快捷。

4)丰富的元器件库:ISIS 中的库有 TTL,CMOS,ECL 元件,微控制器(单片机),存储器和模拟集成电路,还有二极管、双极性晶体管、场效应管等半导体元器件,总共有 8 000 多个,这些库也包括 PCB 封装。

5)可视化 PCB 封装工具:可对元件进行 PCB 封装定义和 PCB 板图预览。

6)层次化设计:具有子电路器件和属性值参数化的层次化设计。

7)总线支持:完全支持模块电路端口、器件引脚和页内终端总线化的设计。

8)属性管理:支持自定义器件文本属性、全局编辑和外数据库引入。

9)电气规则检查、元器件报告清单等。

10)输出网格格式:Labcenter SDF,SPICE,SPICE - AGE,Tango,BoardMaker 等。

另外还支持多种图形输出格式,可通过剪贴板输出 Windows 位图,图元文件,以及 HPGL,DXF 和 EPS 格式的图形文件。可输出到绘图机、彩色打印机等 Windows 打印设备。

(2)单片机模型库。Proteus 是目前能够对多种系列众多型号的单片机进行实时仿真、调试和测试的 EDA 工具。目前 Proteus VSM 已有的能仿真的单片机模型见表 2.2,Proteus VSM 单片机模型功能见表 2.3,Proteus VSM 单片机模型的通用调试功能见表 2.4。

表 2.2　Proteus VSM 单片机模型

单片机模型系列	单片机模型
8051/8052 系列	通用的 80C31,80C32,80C51,80C52,80C54 和 80C58 Atmel AT89C51,AT89C52 和 AT89C55 Atmel AT89C51RB2,AT89C51RC2 和 AT89C51RD2 Philips P87C51FX,P87C51RX+(如 FA,FB,FC,RA+,RB+,RC+,RD+等系列)
Microchip PIC 系列	PIC10,　PIC12C5XX,　PIC12C6XX,　PIC12F6XX,　PIC16C6XX, PIC16C7X,PIC16F8X PIC16F87X,PIC16F62X,PIC18X
Amtel AVR 系列	现有型号
Motorola HC11 系列	MC68HC11A8,MC68HC11E9
Parallax Basic Stamp 系列	BS1,BS2,BS2s,BS2sx,BS2p24,BS2p40,BS2pe
ARM7/LPC200 系列	LPC2104,　PC2105,　LPC2106,　LPC2114,　LPC2124,　ARM7TDMI　和 ARM7TDMI - S

表 2.3　Proteus VSM 单片机模型功能

定时仿真	中断仿真	CCP/ECCP 仿真
指令系统仿真	SPI 仿真	I2C/TWI 仿真
Pin 实时仿真	MSSP 仿真	模拟比较器仿真
定时器仿真	PSP 仿真	外部存储器仿真
UART/USART/EUSARTs 仿真	ADC 仿真	实时时钟仿真

表 2.4　Proteus VSM 单片机模型通用调试功能

工具/语言支持	断点支持	监视支持	源代码级调试	Trace/Debugging 模式
汇编器	标准断点	实时显示数值	汇编	在 CPU 内部
C 编译器	条件断点	支持混合类型	高级语言 (C 或 Basic)	在外设
支持 PIC Basic	硬件断点	支持施放		变量窗口

续 表

工具/语言支持	断点支持	监视支持	源代码级调试	Trace/Debugging 模式
仪器	存储器内容显示	包括指定的 SFR		堆栈监视
虚拟仪器	在 CPU 内部	包括指定的 bit 位		网络冲突警告
从模式规程分析器	在外设			在模型上的 Trace 模式
主模式规程分析器				与其他 Compiles/IDE 模式

（3）Proteus 高级外设模型。Proteus 的主要高级外设模型见表 2.5。

表 2.5　Proteus 高级外设模型

虚拟仪器和分析工具	交互式虚拟仪器	双通道示波器、24 通道逻辑分析仪、计数/计时器、RS－232 终端、交/直流电压表、交/直流电流表
	规程分析仪	双模式（主/从）I2C 规程分析仪、双模式（主/从）SPI 规程分析仪
	交互式电路激励工具	模拟型号发生器：可输出方波、锯齿波、三角波、正弦波 数字信号发生器：支持 1KB 的数字数据流
光电显示模型和驱动模型		数字式 LCD 模型、图形 LCD 模型、LED 模型、七段显示模型、光电驱动模型、光耦模型
电动机模型和控制器		电动机模型、电动机控制器模型
存储器模型		I2C EEPROM、静态 RAM 模型、非易失性 EPROM
温度控制模型		温度计和温度自动调节器模型、温度传感器模型、热电偶模型
计时模型		实时时钟模型
I2C/SPI 规程模型		I2C 外设、SPI 外设、规程分析仪
一线规程模型		一线 EEPROM 模型、一线温度计模型、一线开关模型、一线按钮模型
RS－232/RS－485/RS－422 规程模型		RS－232 终端模型、Maxim 外设模型
ADC/DAC 转换模型		模/数转换器模型、数/模转换器模型
电源管理模型		正电源标准仪、负电源标准仪、混合电源标准仪
拉普拉斯转换模型		操作模型、一阶模型、二阶模型、过程控制、线性模型、非线性模型
热离子管模型		二极管模型、五极真空管模型、四极管模型、三极管模型
变换器模型		压力传感器模型

（4）丰富的元器件库模型。除了上述微控制器、外设模型外，Proteus VSM 还有其他丰富的元器件库。

1）标准电子元器件：电阻、电容、二极管、晶体管、晶闸管、光耦、运放、555 定时器、电源等；

2)74 系列 TTL 和 4000 系列 CMOS 器件、插接件等；

3)存储器:ROM,RAM,EEPROM,I2C 器件等；

4)微控制器支持的器件:如 I/O 口、USART 等。

6.激励源

(1)DC:直流激励源。

(2) SINE:幅值、频率、相位可控的正弦波发生器。

(3) PULSE:幅值、周期和上升/下降沿时间可控的模拟脉冲发生器。

(4) EXP:指数脉冲发生器。

(5) SFFM:单频率调频波信号发生器。

(6) PWLIN:任意分段线性脉冲、信号发生器。

(7) FILE: File 信号发生器,数据来源于 ASCII 文件。

(8) AUDIO:音频信号发生器(wav 文件)。

(9) DSTATE:稳态逻辑电平发生器。

(10) DEDGE:单边沿信号发生器。

(11)D PULSE:单周期数字脉冲发生器。

(12) DCLOCK:数字时钟信号发生器。

(13) DPATTERN:模式信号发生器。

7.虚拟仪器

(1)虚拟示波器(OSCILLOSCOPE)。

(2)逻辑分析仪(LOGIC ANALYSE)。

(3)计数/计时器(COUNTER TIMER)。

(4)虚拟连接端子(VIRTUAL TERMINAL)。

(5)信号发生器(SIGNAL GENERATOR)。

(6)模式发生器(PATTERN GENERATOR)。

(7)交/直流电压表和电流表(AC/DC VOLTMETER/AMMETER)。

8.仿真图表

Proteus 提供的图表可以控制电路的特定仿真类型并显示仿真结果,主要有以下 11 种。

(1)模拟图表(ANALOGUE)。

(2)数字图表(DIGITAL)。

(3)混合模式图表(MIXED)。

(4)频率图表(FREQUENCY)。

(5)传输图表(TRANSFER)。

(6)噪声分析图表(NOISE)。

(7)失真分析图表(DISTORTION)。

(8)傅里叶分析图表(FOURIER)。

(9)音频图表(AUDIO)。

(10)交互式分析图表(INTERACTIVE)。

(11)性能分析图表(CONFORMANCE)。

2.2.2 Proteus 7 Professional 界面简介

单击"开始"→"程序"→"Proteus 7 Professional"→"ISIS 7.8 Professional",或直接双击计算机桌面上的 Proteus ISIS 快捷方式彩色图标,即可进入如图 2.2 所示的 Proteus ISIS 的工作界面。

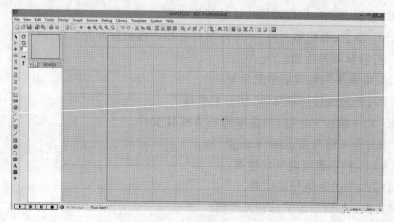

图 2.2　Proteus ISIS 工作界面

Proteus ISIS 工作窗口如图 2.3 所示。它包括图形编辑窗口、预览窗口和对象选择器窗口、标题栏、主菜单、标准工具栏、绘图工具栏、状态栏、对象选择按钮、预览对象方位控制按钮、仿真进程控制按钮等。

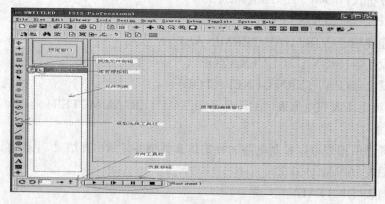

图 2.3　Proteus ISIS 的工作窗口

1.主菜单

ISIS 主菜单包括各种命令操作,利用主菜单中的命令可以实现 ISIS 的所有功能。主菜单共有 12 项,每一项都有下一级菜单,使用者可以根据需要选择该级菜单中的选项,其中许多常用操作在工具栏中都有相应的按钮,而且一些命令右方还标有该命令的快捷键。

2.图形编辑窗口

在图形编辑窗口中可以编辑原理图,设计各种符号、设计元器件模型等,它是各种电路、单片机设计电路系统原理图编辑与电路仿真的工作平台。

3.预览窗口

预览窗口可以显示下面的内容：

1)当单击对象选择器窗口中的某个对象时,预览窗口就会显示该对象的符号。

2)当单击绘图工具栏中的 按钮后,预览窗口中一般会出现蓝色方框和绿色方框:蓝色方框内是可编辑区的缩略图,绿色方框内是当前编辑区中在屏幕上的可见部分,在预览窗口蓝色方框内某位置单击,绿色方框会改变位置,同时编辑区中的可视区域也作相应的改变、刷新。

(1)对象选择器窗口。对象选择器窗口中显示设计时所选的对象列表,对象选择按钮用来选择元器件、连接端子、图表、信号发生器、虚拟仪器等。其中有条形标签"P"、"L"和"DEVIC-ES",单击"P"则可以从库中选取元件,并将所选元器件名一一列在对象选择器窗口中,"L"为库管理按钮,单击时会显示一些元器件库。

(2)预览对象方位控制按钮。对于具有方向性的对象,利用此按钮来改变对象的方向,需要注意的是在 ISIS 原理图编辑窗口中,只能以 90°间隔(正交方式)来改变对象的方向。

旋转： 旋转角度只能是 90°的整数倍。直接单击旋转按钮,则以 90°为递增量旋转。

翻转： 完成水平翻转和垂直翻转。

使用方法:先右击元件,再单击相应的旋转按钮。多个元件的旋转用块操作来实现。

(3)仿真进程控制按钮。仿真进程控制按钮 主要用于交互式仿真过程的实时控制,从左到右依次是运行、单步运行、暂停、停止。

(4)状态栏。指示当前电路图的编辑状态以及当前鼠标指针坐标的位置以英制显示在屏幕的右下角。

(5)工具栏按钮。

1)文件操作按钮 。从左到右依次为

新建:在默认的模板上新建一个设计文件。

打开:装载一个新设计文件。

保存:保存当前设计。

导入:将一个局部(Section)文件导入 ISIS 中。

导出:将当前选中的对象导出为一个局部文件。

打印:打印当前设计。

区域:打印选中的区域。

2)显示命令按钮 。从左到右依次为显示刷新、显示/不显示网格点切换、显示/不显示手动原点、以鼠标所在的点为中心进行显示、放大、缩小、查看整张图、查看局部图。

3)编辑操作按钮 。从左到右依次为撤销最后的操作、恢复最后的操作、剪切选中的对象、复制到剪贴板、从剪贴板粘贴、复制选中的块对象、移动选中的对象、旋转选中的块对象、删除选中的块对象、从元件库中选取元件、把原理图符号封装成元件、对选中的元件定义 PCB 封装、把选中的元件打散成原始的组件。

4)设计操作按钮 。从左到右依次为自动布线、查找并选中、属性标注工具、设计管理器、新建绘图页、删除当前页、转入子设计页、材料清单、电气规则检查、导出网表进入 PCB 布图区。

5)主模式选择按钮 。从左到右依次为画子电路、画总线、放置文本、放置标签、放置连接点、选择元器件、即时编辑模式。

6)小型配件按钮 。从左到右依次为连接端子、元器件引脚、仿真图表、录音机、信号发生器、电压探针、电流探针、虚拟仪表。

7)2D 绘图按钮 。从左到右依次为:画各种直线、画各种方框、画各种圆、画各种弧、画各种多边形、画各种文本、画符号、画原点。

2.2.3 Proteus 原理图绘制

1.运行 Proteus 7 Professional(ISIS7 Professional)

2.新建设计文件

打开 Proteus ISIS 的工作界面,依次选择"开始"→"新建设计"命令,弹出选择模板窗口,从中选择 DEFAULT 模板,单击"OK"按钮,然后单击"保存"按钮,弹出如图 2.4 所示的"保存 ISIS 设计文件"对话框。设置好文件保存路径,在文件名框中输入"流水灯"后,单击"保存"按钮,完成新建项目文件的保存,文件自动保存为"流水灯. DSN"。

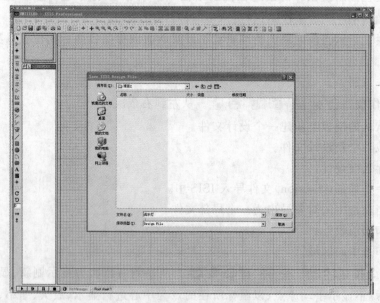

图 2.4 "保存 ISIS 设计文件"对话框

3.从元件库中选取元器件

单击元器件选择器上的"P"按钮,弹出如图 2.5 所示的"Pick Device"对话框。

(1)添加单片机。在图 2.5 所示的"Pick Devices"对话框的"关键字"文本框中输入"AT89C51",然后从"结果"列表中选择所需要的型号,如图 2.6 所示,从图中还可看见所选元器件的原理图的封装图。单击"确定"按钮,或者双击"结果"列表中所需要选择的型号,就可将元器件添加到对象选择器中。

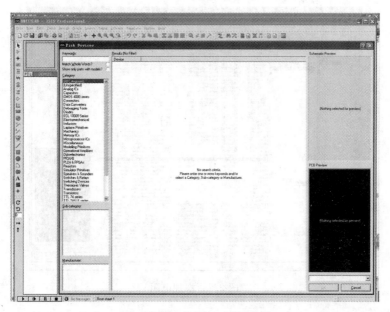

图 2.5　"Pick Devices"对话框

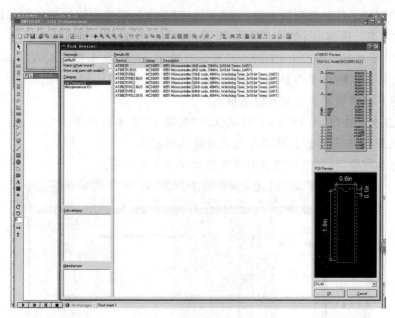

图 2.6　添加 AT89C51 单片机

（2）添加电阻。在"Pick Devices"对话框的"关键字"文本框中输入"resistors lk"，在"结果"列表中显示出很多不同规格的电阻，如图 2.7 所示。从"结果"列表中选择型号"MIN-RESIK"，将电阻添加到对象选择器。用同样的方法将 $10k\Omega$ 电阻添加到对象选择器中。

（3）添加发光二极管。在"Pick Device."对话框的"关键字"文本框中输入"Led-red"（红色），在"结果"列表中只有一种红色发光二极管。双击该型号，将发光二极管添加到对象选择器中。

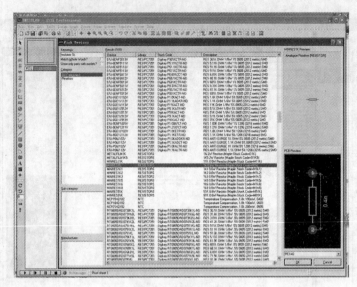

图 2.7　添加电阻

（4）添加电容。

1）添加 30pF 电容。在"Pick Devices"对话框的"关键字"文本框中输入"capacitor "，在"结果"列表中列出了各种类型的电容。在"关键字"文本框中接着继续输入"30pF"，又精选出各种 30pF 的电容。选择一个"50V"的电容，双击将其添加到对象选择器中。

2）添加 10μF 电容。在"Pick Devices"对话框的"关键字"文本框中输入"capators 10μF"，在"结果"列表中专门列出了各种型号的 10μF 电容。选择"50V Redial Electrolytic"电容（圆柱形电解电容），双击将其添加到对象选择器中。

（5）添加晶振。在"Pick Devices"对话框的"关键字"文本框中输入"crystal"，"结果"列表中只有一种晶振。双击该型号，将其添加到对象选择器中。

元器件添加完毕后，对象选择器中的元器件如图 2.8 所示。

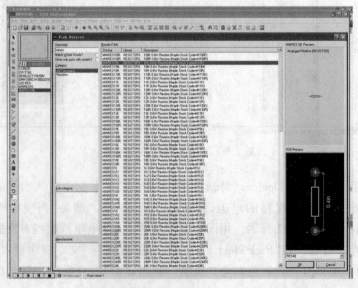

图 2.8　添加 74LS373 元件对话框

4.编辑电路原理图

(1)放置、调整与设置。以单片机 AT89C51 为例,介绍元器件放置、调整与设置等编辑操作方法。

1)放置 AT89C51。在对象选择器的元器件列表中选择"AT89C51",然后将光标移到原理图编辑区。在适当位置单击鼠标左键,即可将随光标移动的"AT89C51"原理图符号放置到原理图编辑区。放置后的 AT89C51 单片机原理图符号如图 2.9 所示。

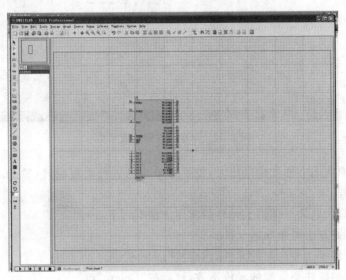

图 2.9　AT89C51 单片机原理图符号

2)单片机 AT89C51 的属性设置。在图 2.9 所示的 AT89C51 单片机原理图符号中点击右键,在弹出的快捷菜单中选择"编辑属性"命令,会弹出如图 2.10 所示的"编辑元件"对话框。将其中"Clock Frequency"中的时钟频率修改为"12MHz"。

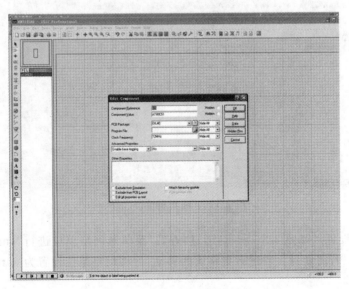

图 2.10　"编辑元件"对话框

3)移动和旋转。用鼠标右击原理图编辑区的 AT89C51,弹出如图 2.11 所示的快捷菜单。

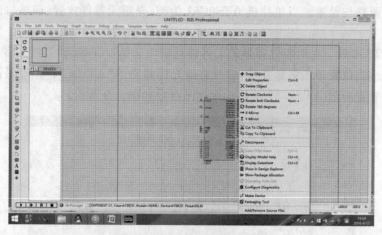

图 2.11　单片机右键快捷菜单

本例从绘制原理图方便的角度出发,需要对单片机进行垂直翻转(Y-mirror)操作,故选择"Y-mirro"操作。

4)元件的删除。删除原理图上元件的常用方法有以下 3 种。

Ⅰ.用鼠标右键双击要删除的元件。

Ⅱ.用鼠标左键框选要删除的元件,然后按"Delete"键。

Ⅲ.用鼠标左键按住要删除的元件不放,然后按"Delete"键。

5)单片机属性设置。在图 2.11 所示的单片机右键快捷菜单中选择"编辑属性"命令,弹出如图 2.12 所示的"编辑属性"对话框。将其中"Clock Frequency"中的时钟频率修改为"12MHz"。

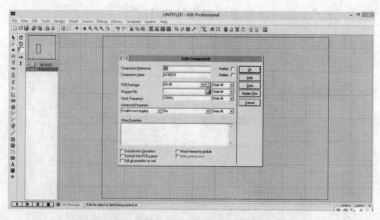

图 2.12　"编辑属性"对话框

6)网格单位设置。如图 2.13 所示,通过"查看"菜单对网络单位进行"snap 0.1in"的设置(0.1in=100th)。若需要对元件进行更精确的移动,可将网格单位设置为 50th 或 10th。

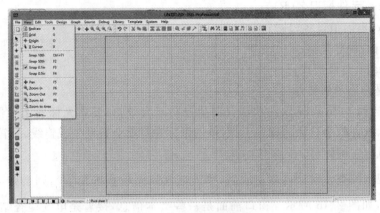

图 2.13　网格单位设置

7)放置地和电源。单击小工具箱中的终端模式按钮,会在对象选择器中显示各种终端。从中选择"POWER"终端,可在预览窗口看到电源的符号,如图 2.14 所示。将鼠标移到原理图编辑区,像放置元器件一样在合适的位置放置两个电源终端。在原理图编辑区中双击电源终端符号,在弹出的"Edit Terminnal Label"对话框中单击"标号"文本框右边的弹出菜单按钮,在弹出的菜单选项中选择"VCC",单击"确定"按钮完成电源终端的编辑。用同样的方法放置"GROUND"终端。

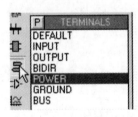

图 2.14　添加地和电源

8)设置元件属性。以电阻 R1 为例,左键双击电阻 R1,出现如图 2.15 所示界面。

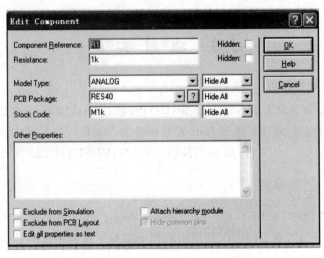

图 2.15　电阻 R1 属性设置对话框

Component：元件标识名(R1)；

Resistance：电阻值设置(1k)；

Model Type：模型类型；

PCB Package：封装形式；

Hidden：是否显示该属性。

9)电路图连线。Proteus 软件默认自动捕捉功能有效，只要将光标置于元器件引脚等电路连接点附近，软件就会自动捕捉到引脚，单击鼠标左键就会自动生成连线。当连线需要转弯时，只要单击鼠标左键即可。

10)电气规则检查。设计电路完成后，单击电气规则检查按钮 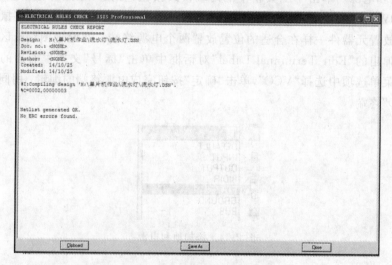，则会弹出电气规则检查结果对话框，如图 2.16 所示。窗口前面是一些文本信息，接着是电气检查结果列表，若有错，会有详细的说明；若设计电路的电气规则无误，则在结果对话框中给出"No ERC errors found"的信息。也可以通过菜单"Tools"→"Electrical Rule Check..."，完成电气规则检查。

图 2.16　电气规则检查结果对话框

2.3　项目实现

(1)Proteus 与 Keil 联机。

1)把 Proteus 安装目录下的 VDM51.dll(C:\Progra Files\Labcenter Electronics\Proteus 6Professional\MODELS)文件复制到 Keil 安装目录的 \C51\BIN 目录中。

2)编辑 C51 里 tools.ini 文件，加入：TDRV1=BIN\VDM51.DLL("Proteus VSM MONITOR 51 DRIVER")。

3)载入 Proteus 文件。

4)在 Proteus 中选中 DEBUG->use remote debug monitor，进入 Keil 的 project 菜单 option for target′工程名′，在 DEBUG 选项中右栏上部的下拉菜单选中 Proteus VSM Monitor-51 Driver。

（2）添加仿真文件。启动 Proteus 软件中的 ISIS 7.8 Professional ，打开电路原理图文件 lsd.dsn，如图 2.17 所示。

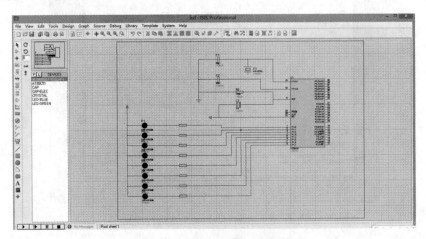

图 2.17　打开电路原理图文件 lsd.dsn

在原理图编辑窗口左键双击 AT89C51，出现属性对话框，如图 2.18 所示。

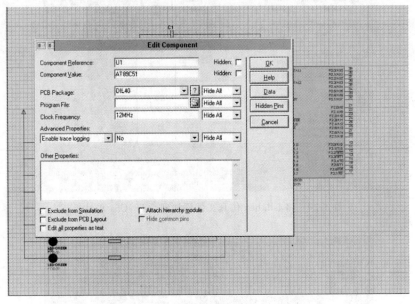

图 2.18　AT89C51 属性设置对话框

点击 Program File 右侧文本框旁的文件选择按钮，在 lsd 文件夹中选择 lsd.hex，如图 2.19 所示，点击打开，即可将该文件添加到 AT89C51 单片机，如图 2.20 所示，点击确定按钮，仿真文件添加完毕。

（3）仿真运行。选择主菜单调试下面的执行子菜单，或者直接单击工具栏中的仿真启动按钮，启动功能仿真，流水灯仿真效果如图 2.21 所示。

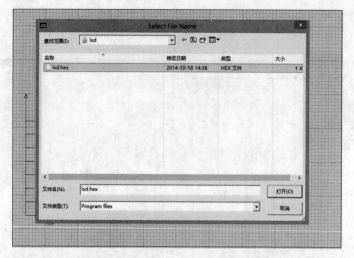

图 2.19　选择 lsd.hex 文件进行添加

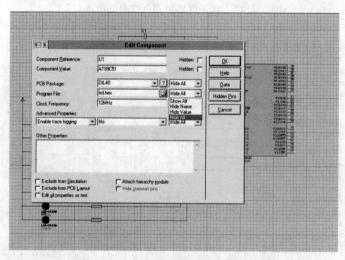

图 2.20　将 lsd.hex 仿真文件添加到 AT89C51 单片机

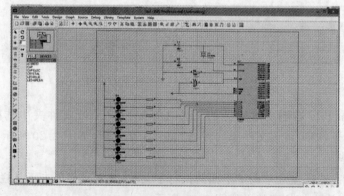

图 2.21　流水灯仿真效果

项目 3 制作流水灯

项目目标

1.知识目标

(1)掌握 AT89C51 单片机最小系统组成；

(2)掌握 AT89C51 单片机晶振电路和复位电路；

(3)掌握单片机 I/O 口的应用；

(4)掌握流水灯的软硬件设计方法。

2.技能目标

(1)熟悉 Keil,Proteus 软件的安装与使用；

(2)能够设计制作流水灯电路；

(3)能够使用单片机 C51 编写流水灯控制程序；

(4)能使用 Keil 和 Proteus 软件对单片机流水灯软硬件进行联合调试、仿真。

3.1 项目描述

设计一个 AT89C51 单片机最小系统，外接 8 个发光二极管，要求上电后 8 个发光二极管闪烁，闪烁频率为 10Hz。

3.2 相关知识讲解

3.2.1 单片机的基本组成

所谓单片机，就是把中央处理器(CPU)、存储器(Memory)、定时器、I/O 接口电路等一些计算机的主要功能部件集成在一块集成电路芯片上的微型计算机。单片机的基本组成如图 3.1 所示。

1.中央处理器

单片机的中央处理器(CPU)是单片机的核心，完成运算和控制操作。中央处理器主要包括运算器和控制器两部分。

单片机 CPU 和通用微处理器基本相同，只是增加了"面向控制"的处理功能，如位处理、查表、多种跳转等。

(1)运算器。运算器主要用来实现算术、逻辑运算和位操作。其中包括算术和逻辑运算单元 ALU、累加器 ACC、B 寄存器、程序状态字 PSW 和两个暂存器等。

ALU 是运算电路的核心，实质上是一个全加器，完成基本的算术和逻辑运算。算术运算包括加、减、乘、除、增量、减量、BCD 码运算;逻辑运算包括与、或、异或、左移位、右移位和半字节交换,以及位操作中的位置位、位复位和位取反等。

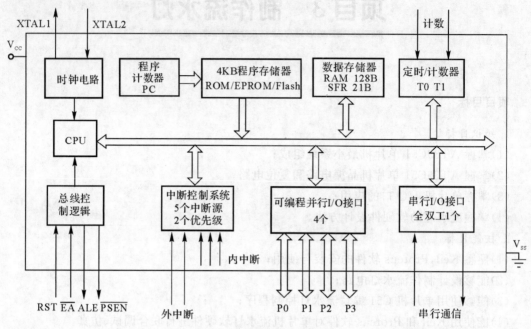

图 3.1 单片机的基本组成

暂存器 1 和暂存器 2 是 ALU 的两个输入,用于暂存参与运算的数据。ALU 的输出也是两个:一个是累加器,数据经运算后,其结果又通过内部总线返回到累加器;另一个是程序状态字 PSW,用于存储运算和操作结果的状态。

累加器是 CPU 使用最频繁的一个寄存器。ACC 既是 ALU 处理数据的来源,又是 ALU 运算结果的存放单元。CPU 中的数据传送大多通过累加器实现,因此累加器又是数据的中转站。如单片机与片外 RAM 或 I/O 扩展口进行数据交换必须通过 ACC 来进行。

B 寄存器在乘法和除法指令中作为 ALU 的输入之一,另一个输入来自 ACC。运算结果存于 AB 寄存器对中。

(2)控制器。控制器是识别指令并根据指令性质协调计算机内各组成单元进行工作的部件。控制器主要包括程序计数器 PC、PC 增量器、指令寄存器、指令译码器、定时及控制逻辑电路等。其功能是控制指令的读入、译码和执行,并对指令执行过程进行定时和逻辑控制。

程序计数器 PC 是控制器中最基本的寄存器,是一个独立的计数器,存放着下一条将要从程序存储器中取出指令代码的地址。

指令寄存器是用来存放指令操作码的专用寄存器。执行程序时,首先要从程序存储器中取出指令,送给指令寄存器;指令寄存器再将其输出到指令译码器;指令译码器将该指令进行译码,根据指令性质送到定时逻辑和条件转移逻辑电路,产生定时控制信号,完成程序的执行过程。

定时及控制逻辑根据指令的性质发出一系列定时和控制信号,控制计算机各组成器件进行相应的操作,执行指令。

2. 存储器

单片机内部的存储器分为程序存储器和数据存储器。

程序存储器主要用来存储指令代码和一些常数及表格。程序在开发调试成功之后就永久性地驻留在程序存储器中，在停机断电状态下代码也不会丢失。程序存储器在操作运行过程中只读不写，因而又被称为只读存储器 ROM。

标准型 AT89 单片机的程序存储器采用 4 KB 的快速擦写存储器 Flash Memory，编程和擦除完全是电气实现，编程和擦除速度快，可以使用通用的编程器脱机编程，也可在线编程。

Flash 的应用，成为 AT89 系列单片机的显著特点之一。

在单片机中，用随机存储器 RAM(Random Access Memory)来存储程序运行期间的工作变量和数据，所以 RAM 又被称为数据存储器。一定容量的 RAM 集成在单片机内，提高了单片机的运行速度，也降低了功耗。

标准型 AT89 单片机含有 128×8 位 RAM，采用单字节地址。实际上片内的字节地址空间是 256 个(00H~FFH)，其中高 128 字节地址(80H~FFH)被特殊功能寄存器 SFR 占用，用户只能使用低 128 字节单元(00H~7FH)来存放可读/写的数据。

3. 外围接口电路

CPU 与外部设备的信息交换都要通过接口电路来进行。这主要是为了解决 CPU 的高速处理能力和外部设备低速运行之间的速度匹配问题，并可以有效地提高 CPU 的工作效率；同时也提高了 CPU 的对外驱动能力。输出接口电路具有锁存器和驱动器，输入接口电路具有三态门控制，成为接口电路的基本特征。

AT89C51 单片机的外围接口电路主要包括 4 个可编程并行 I/O 口，1 个可编程串行口，2 个 16 位的可编程定时器以及中断系统等。

由于受集成度的限制，片内存储器和外围接口电路的规模及数量都受到一定的限制。为了适应外部更复杂的控制功能，单片机具有较强的扩展功能，可以很方便地扩展外部存储器 ROM，RAM 和 I/O 口等。

4. 时钟振荡电路

时钟振荡电路是 CPU 所需要的各种定时控制信号的必备单元。CPU 只有在时序信号和控制信号的协调工作下，才能执行各种指令。

单片机芯片内部有时钟电路，但石英晶体和微调电容需要外接。AT89C51 的晶振频率最高为 24 MHz。

通用微型计算机主要包括 CPU、存储器、外围接口电路和时钟电路。但是这些功能单元器件是按逻辑功能划分成独立的集成芯片，然后在印刷电路板上由多片集成电路构成一个完整的计算机系统。单片机具有通用微型计算机的基本特征，并将各个功能单元器件集成在一块晶体芯片上，形成了单片微型计算机系统。

3.2.2　引脚排列及功能

AT89C51 单片机的封装形式有 PDIP，TQFP 和 PLCC 等。图 3.2 为 PDIP 封装的引脚排列图。

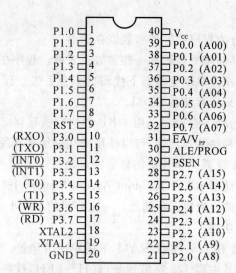

图 3.2　AT89C51 PDIP 封装形式引脚排列

1. I/O 口线

(1)P0 口:8 位、漏极开路的双向 I/O 口。

当使用片外存储器及外扩 I/O 口时,P0 口作为低字节地址/数据复用线。在编程时,P0 口可用于接收指令代码字节;在程序校验时,P0 口可输出指令字节(这时需要加外部上拉电阻)。

P0 口也可作通用 I/O 口使用,但需加上拉电阻,变为准双向口。当作为普通输入时,应将输出锁存器置 1。P0 口可驱动 8 个 TTL 负载。

(2)P1 口:8 位、准双向 I/O 口,具有内部上拉电阻。

P1 口是为用户准备的 I/O 双向口。在编程和校验时,可用做输入低 8 位地址。用做输入时,先将输出锁存器置 1。P1 口可驱动 4 个 TTL 负载。

(3)P2 口:8 位、准双向 I/O 口,具有内部上拉电阻。

当使用片外存储器或外扩 I/O 口时,P2 口输出高 8 位地址。在编程/校验时,P2 口可接收高字节地址和某些控制信号。

P2 口也可作普通 I/O 口使用。用做输入时,应先将输出锁存器置 1。P2 口可驱动 4 个 TTL 负载。

(4)P3 口:8 位、准双向 I/O 口,具有内部上拉电阻。

P3 口可作为普通 I/O 口。用做输入时,应先将输出锁存器置 1。在编程/校验时,P3 口接收某些控制信号。它可驱动 4 个 TTL 负载。

P3 口还提供各种替代功能,见表 3.1。

2. 控制信号线

RST:复位输入信号,高电平有效。在振荡器稳定工作时,在 RST 脚施加两个机器周期(即 24 个晶振周期)以上的高电平,将器件复位。

$\overline{EA}/V_{PP}$:外部程序存储器访问允许信号。

当信号接地时,对 ROM 的读操作限定在外部程序存储器,地址为 0000H~FFFFH;

当$\overline{\text{EA}}$接V_{CC}时,对 ROM 的读操作从内部程序存储器开始,并可延续至外部程序存储器;

在编程时,该引脚可接编程电压(AT89C51 的 V_{PP} 为 5V 或 12V),在编程校验时,该引脚可接 V_{CC}。

$\overline{\text{PSEN}}$:片外程序存储器读选通信号,低电平有效。

表 3.1 P3 口替代功能

管 脚	名 称	功 能
P3.0	RXD	串行接口输入
P3.1	TXD	串行接口输出
P3.2	$\overline{\text{INT0}}$	外部中断 0 输入
P3.3	$\overline{\text{INT1}}$	外部中断 1 输入
P3.4	T0	定时/计数器 0 的外部输入
P3.5	T1	定时/计数器 1 的外部输入
P3.6	$\overline{\text{WR}}$	外部 RAM 写选通
P3.7	$\overline{\text{RD}}$	外部 RAM 读选通

在片外程序存储器取指期间,当$\overline{\text{PSEN}}$有效时,程序存储器的内容被送至 P0 口(数据总线);当访问外部 RAM 时,$\overline{\text{PSEN}}$无效。

ALE/$\overline{\text{PROG}}$:低字节地址锁存信号。

在系统扩展时,ALE 的下降沿将 P0 口输出的低 8 位地址锁存在外接的地址锁存器中,以实现低字节地址和数据的分时传送。此外,ALE 端连续输出正脉冲,频率为晶振频率的 1/6,可用做外部定时脉冲使用。但要注意,每次访问外 RAM 时要丢失一个 ALE 脉冲。

在编程期间,该引脚输入编程脉冲($\overline{\text{PROG}}$)。

3.电源线

V_{CC}:电源电压输入引脚。

GND:电源地。

4.外部晶振引线

XTAL1:片内振荡器反相放大器和时钟发生线路的输入端。使用片内振荡器时,连接外部石英晶体和微调电容。

XTAL2:片内振荡器反相放大器的输出端。当使用片内振荡器时,外接石英晶体和微调电容。

当使用外部振荡器时,引脚 XTAL1 接收外振荡器信号,XTAL2 悬空。

3.2.3 AT89C51 的存储器组织

AT89C51 系列单片机存储器分为两种类型,一种是程序存储器(ROM),一种是数据存储器(RAM)。RAM 用来存放暂时性的输入、输出数据和运算中间结果。ROM 用来存放程序或常数。AT89C51 系列单片机有 4 个存储空间:片内程序存储器、片外程序存储器、片内数据存储器及片外数据存储器。其结构如图 3.3 所示。

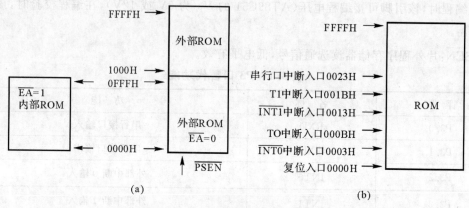

图 3.3　AT89C51 程序存储器配置

(a)ROM 配置；　(b)ROM 低端的特殊单元

1.程序存储器

程序存储器是只读存储器,用于存放程序代码和表格常数。AT89C51 片内的程序存储器为 Flash Memory,地址为 0000H～0FFFH。AT89C51 单片机有 16 位地址线,寻址空间为 64 KB,地址范围为 0000H～FFFFH。当 EA 接地时,仅使用外部程序存储器;当 EA 接 V_{cc} 时,CPU 从片内 0000H 开始取指令。当 PC 值超过 0FFFH 时,自动转到片外存储器 1000H～FFFFH 空间执行程序。

2.数据存储器

数据存储器是 RAM 型存储器,用于暂存数据和运算结果等。

AT89C51 单片机数据存储器分为片外 RAM 和片内 RAM。片外 RAM 最大可扩展 64KB,地址范围为 0000～FFFFH。片内 RAM 可分为两个不同的存储空间,即低 128B 单元的数据存储器空间和分布 21 个特殊功能寄存器 SFR 的高 128B 存储器空间,对于增强型单片机,数据存储器容量为 256B。其结构如图 3.4 所示。

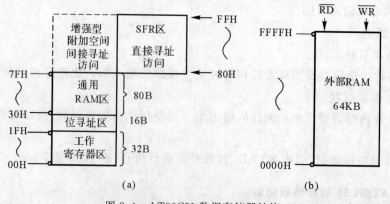

图 3.4　AT89C51 数据存储器结构

(1)片内低 128B RAM。片内 RAM 低 128B 单元分为工作寄存器区、位寻址区、通用 RAM 区 3 部分。

1)工作寄存器区。工作寄存器又称通用寄存器,可供用户用于数据运算和传送过程中的暂存单元。工作寄存器可划分为4个区:0区(00H~07H)、1区(08H~0FH)、2区(10H~17H)和3区(18H~1FH)。每个区有8个工作寄存器:R0,R1,R2,…,R7。每个寄存器可以用寄存器的名称寻址,也可以用直接字节地址(00H~1FH)寻址。当用寄存器名称寻址时,由程序状态字PSW中的RS1和RS0两位确定工作寄存器区。改变RS0和RS1的值,可以实现寄存器区的切换。

当前工作寄存器组的选择见表3.2。

表3.2 当前工作寄存器组的选择

RS1	RS0	工作寄存器组	R0~R7的地址
0	0	0组	00H~07H
0	1	1组	08H~0FH
1	0	2组	10H~17H
1	1	3组	18H~1FH

2)位寻址区。片内RAM的位寻址区字节地址为20H~2FH,共16个单元。这些单元可以按字节操作,也可以按位操作。位地址为00H~7FH,共计16×8=128位。位地址见表3.3。

表3.3 内部RAM位寻址区的位地址

单元地址	MSB 位地址 LSB							
20H	07	06	05	04	03	02	01	00
21H	0F	0E	0D	0C	0B	0A	09	08
22H	17	16	15	14	13	12	11	10
23H	1F	1E	1D	1C	1B	1A	19	18
24H	27	26	25	24	23	22	21	20
25H	2F	2E	2D	2C	2B	2A	29	28
26H	37	36	35	34	33	32	31	30
27H	3F	3E	3D	3C	3B	3A	39	38
28H	47	46	45	44	43	42	41	40
29H	4F	4E	4D	4C	4B	4A	49	48
2AH	57	56	55	54	53	52	51	50
2BH	5F	5E	5D	5C	5B	5A	59	58
2CH	67	66	65	64	63	62	61	60
2DH	6F	6E	6D	6C	6B	6A	69	68
2EH	77	76	75	74	73	72	71	70
2FH	7F	7E	7D	7C	7B	7A	79	78

3)通用RAM区。通用RAM区为30H~7FH,堆栈区也可以设在这里。这个区只能按

字节操作,在任何情况下都不可以按位操作。该区由用户按要求自由安排。

(2)片内高 128B RAM。AT89C51 单片机片内高 128B RAM 分布了 22 个特殊功能寄存器,它们分散在 80H～FFH 地址中,字节地址能被 8 整除的单元可以进行位寻址。22 个特殊功能寄存器地址分配见表 3.4。

表 3.4 AT89C51 特殊功能寄存器位地址

SFR	位地址/位符号(有效位 83 个)								字节地址
P0	87H	86H	85H	84H	83H	82H	81H	80H	80H
	P0.7	P0.6	P0.5	P0.4	P0.3	P0.2	P0.1	P0.0	
SP									81H
DPL									82H
DPH									83H
PCON				按字节访问					87H
TCON	8FH	8EH	8DH	8CH	8BH	8AH	89H	88H	88H
	TF1	TR1	TF0	TR0	IE1	IT1	IE0	IT0	
TMOD									89H
TL0									8AH
TL1									8BH
TH0									8CH
TH1									8DH
P1	97H	96H	95H	94H	93H	92H	91H	90H	90H
	P1.7	P1.6	P1.5	P1.4	P1.3	P1.2	P1.1	P1.0	
SCON	9FH	9EH	9DH	9CH	9BH	9AH	99H	98H	98H
	SM0	SM1	SM2	REN	TB8	RB8	TI	RI	
SBUF									99H
P2	A7H	A6H	A5H	A4H	A3H	A2H	A1H	A0H	A0H
	P2.7	P2.6	P2.5	P2.4	P2.3	P2.2	P2.1	P2.0	
IE	AFH	—	—	ACH	ABH	AAH	A9H	A8H	A8H
	EA	—	—	ES	ET1	EX1	ET0	EX0	
P3	B7H	B6H	B5H	B4H	B3H	B2H	B1H	B0H	BDH
	P3.7	P3.6	P3.5	P3.4	P3.3	P3.2	P3.1	P3.0	
IP	—	—	—	BCH	BBH	BAH	B9H	B8H	H8H
	—	—	—	PS	PT1	PX1	PT0	FX0	
PSW	D7H	D6H	D5H	D4H	D3H	D2H	D1H	D0H	D0H
	CY	AC	F0	RS1	RS0	OY	—	P	

续　表

SFR	位地址/位符号(有效位83个)								字节地址
ACC	E7H	E6H	E5H	E4H	E3H	E2H	E1H	E0H	E0H
	ACC. 7	ACC. 6	ACC. 5	ACC. 4	ACC. 3	ACC. 2	ACC. 1	ACC. 0	
B	F7H	F6H	F5H	F4H	F3H	F2H	F1H	F0H	F0H
	D. 7	D. 6	D. 5	D. 3	D. 2	D. 1	D. 0		

1)程序状态字 PSW:程序状态字用于存放程序运行状态信息,各标志位见表 3.5。

表 3.5　程序状态字格式

D7	D6	D5	D4	D3	D2	D1	D0
CY	AC	F0	RS1	RS0	OV	—	P

CY:进位标志位。在加法或减法时 D6 向 D7 有进位或借位,CY 为 1,否则为 0。

AC:辅助进位标志位。在加法或减法时 D3 向 D4 有进位或借位,AC 为 1,否则为 0。

F0:用户标志位,用户可以自行定义。

RS1,RS0:当前寄存器组的选择位。

OV:溢出标志位。D6,D7 进位或借位不同时则发生溢出,即 OV 为 1,否则为 0。

P:奇偶标志位。当累加器 ACC 中 1 的个数为奇数时,P 为 1,否则为 0。

2)累加器 ACC:地址为 0E0H,存放操作数和运算结果,是单片机中使用最频繁的寄存器。

3)B 寄存器:地址为 F0H,在乘法或除法时存放乘数或除数,运算后,B 寄存器存放乘积的高八位或余数。B 寄存器也可以作为一般的寄存器使用。

4)堆栈指针 SP:存放堆栈栈顶地址。数据入栈时,SP 自动加 1,数据出栈时 SP 自动减 1。

5)数据指针 DPTR:用来存放 16 位的地址,是唯一的一个 16 位 SFR。DPTR 可以分为高8 位和低 8 位单独使用,即 DPH 和 DPL。

3.2.4　AT89C51 单片机时钟电路与工作时序

1. 振荡器电路

外接晶振引脚与片内的反相放大器构成一个振荡器,它提供单片机的时钟控制信号,也可以采用外部晶体振荡器。

XTAL1:接外部晶体的一个引脚,在单片机内部,它是一个反相放大器的输入端。当采用外部振荡器时,该引脚接收振荡器的信号,即把此信号直接接到内部时钟发生器的输入端。

XTAL2:接外部晶体的另一端,在单片机内部接至反相放大器的输出端,当采用外接晶体振荡器时,此引脚可以不连接。

时钟电路用于产生单片机工作所需要的时钟信号。时序所研究的是指令执行中各信号之间的相互关系。单片机本身就如同一个复杂的同步时序电路,为了保证同步工作,电路应在唯一的时钟信号控制下,严格地按规定时序工作。

单片机工作时,从取指令到译码再进行微操作,必须在时钟信号控制下,才能有序地工作。

单片机的时钟信号通常有两种产生方式:一是内部时钟方式,二是外部时钟方式。

内部时钟方式的硬件电路如图 3.5(a)所示。在 XTAL1 和 XTAL2 引脚接上一个晶振,在晶振上加上两个稳定频率的 C1 和 C2,其典型值为 30pF。晶振频率典型值为 6MHz,12MHz,11.0592MHz。

外部时钟方式的硬件电路如图 3.5(b)所示,一般适用于多片单片机同时工作时,使用同一时钟信号,以便于保证单片机的工作同步。

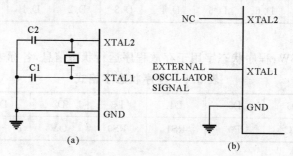

图 3.5 单片机的时钟信号产生方式
(a)内部时钟方式; (b)外部时钟方式

2.定时单位

时序是用定时单位来说明的,AT89C51 的时序定时单位共有 4 个:晶振周期、时钟周期、机器周期和指令周期。

(1)晶振周期:振荡电路产生的脉冲信号的周期,是最小的时序单位,用 P 来表示。

(2)时钟周期:把 2 个晶振周期称为 S 状态,即时钟周期。

(3)机器周期:把 12 个晶振周期称为机器周期,用 T_{CY} 表示。

(4)指令周期:执行指令所需的时间,一般为 1 个机器周期,2 个机器周期,4 个机器周期。

3.AT89C51 的指令时序

指令系统中的全部指令按长度可分为单字节指令、双字节指令和 3 字节指令。执行这些指令所需的机器周期是不同的,概括起来有以下几种情况:单字节单机器周期指令,单字节双机器周期指令,双字节单机器周期指令,双字节双机器周期指令。3 字节指令都是双机器周期指令,而单字节的乘除指令则为 4 个机器周期指令。

(1)单周期指令时序。单字节单周期时序如图 3.6 所示。在 S1P2 开始读取指令的操作码,并执行指令,在 S4P2 结束操作。但 S4P2 读取的操作码无效。

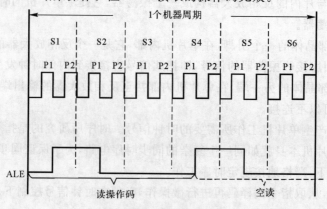

图 3.6 单字节指令时序

双字节周期时序如图 3.7 所示。在 S1P2 读取第一个字节,在 S4P2 读取第二个字节。

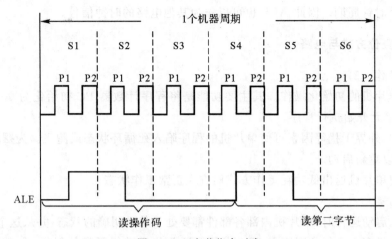

图 3.7　双字节指令时序

（2）双周期指令时序。对于单字节指令,在两个机器周期内要进行 4 次读操作,但后 3 次读操作无效,其时序图 3.8 所示。

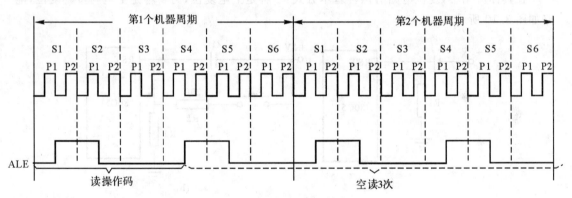

图 3.8　单字节双周期指令时序

访问片外 RAM 单字节指令周期时序如图 3.9 所示。

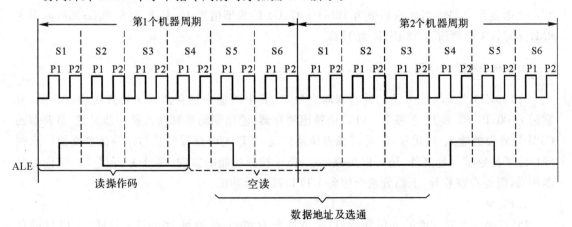

图 3.9　访问外部 RAM 指令周期时序

比较上述几个时序图,不难发现,除访问片外 RAM 时,地址锁存信号 ALE 具有周期性,其周期为 6 个时钟周期。因此 ALE 也可以作为其他电路的时钟信号。

3.2.5　复位方式与电路

1.复位操作

复位是单片机的初始化操作。其主要功能是将程序计数器 PC 初始化为 0000H,使单片机从 0000H 单元开始执行程序。

在运行中,外界干扰等因素可使单片机的程序陷入死循环状态或跑飞。为摆脱困境,可将单片机复位,以重新启动。

复位也使单片机退出低功耗工作方式而进入正常工作状态。

2.复位电路

单片机在启动运行时,单片机内部各部件都要处于某一明确的状态,并从这个状态开始工作。由此单片机有 1 个复位引脚 RST。为了保证单片机进行可靠的复位,在 RST 引脚上必须加上 2 个机器周期以上的高电平。如晶振频率为 12MHz 的单片机,复位信号高电平持续时间要超过 $2\mu s$。

在具体应用中,复位电路有两种基本方式:一种是上电复位,另一种是上电与按键复位,电路如图 3.10 所示。

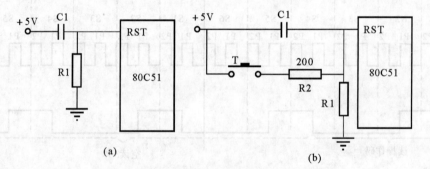

图 3.10　AT89C51 复位电路
(a)上电复位;　(b)上电与按键复位

上电复位电路中当晶振频率为 12MHz 时,C1 的典型值为 $10\mu F$,R 为 $8.2k\Omega$;晶振频率为 6MHz 时,C1 典型值为 $22\mu F$,R 为 $1k\Omega$。

3.2.6　并行 I/O 口

AT89C51 共有 4 个 8 位的并行双向 I/O 口,其中的输出锁存器属于特殊功能寄存器,分别记为 P0,P1,P2 和 P3。每个 I/O 口由输出锁存器、输出驱动器和输入缓冲器组成,是典型的 CPU 与外设的输入/输出接口,可以很方便地实现 CPU 与外部设备及芯片的信息交换。这些端口除了按字节寻址之外,还可以按位寻址,便于控制功能的实现。4 个并行接口在结构上基本相同,但也存在差异,下面分别介绍各 I/O 口接口及功能。

1.P0 口

P0 口是一个双功能的 8 位并行口,字节地址为 80H,位地址为 80H～87H。I/O 口的各位具有完全相同但又相互独立的电路结构,如图 3.11 所示。

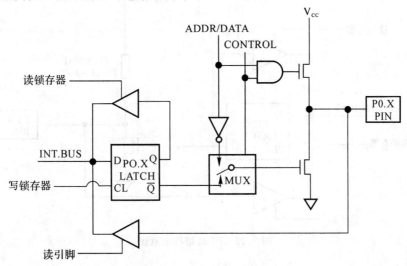

图 3.11 P0 口结构示意图

(1)位电路结构的组成。P0 口位电路结构由以下几部分组成:

1)一个输出锁存器,用于进行输出数据的锁存,归属于特殊功能寄存器。

2)两个三态输入缓冲器,分别用于锁存器和引脚数据的输入缓冲。

3)一个多路开关 MUX,它的一个输入来自锁存器,另一个输入为地址/数据信号的反相输出。MUX 由控制信号控制,能实现锁存器的输出与地址/数据线之间的接通转换。

4)数据输出的驱动电路,由两只场效应管组成。

(2)P0 口的特点。P0 口的特点如下:

1)P0 口地址为 80H,可以进行位操作。

2)P0 口既可以为数据/低 8 位地址总线,也可以作为通用 I/O 口使用。

3)P0 口采用漏极开路输出作通用 I/O 口时,要接上拉电阻,可推动 8 个 TTL 电路。

4)P0 作为输入时必须将 P0 口置 1。

2.P1 口

P1 口是单功能的 I/O 口,可以字节访问,也可以位访问。其字节地址为 90H,位地址为 90H～97H。P1 口的各位具有完全相同但又相互独立的电路结构,如图 3.12 所示。

(1)位电路结构的组成。P1 口位电路结构由以下几部分组成:

1)一个数据输出锁存器,用于输出数据的锁存。

2)两个三态输入缓冲器,BUF1 用于读锁存器,BUF2 用于读引脚。

3)数据输出驱动电路,由场效应管 FET 和片内上拉电阻 R 组成。

(2)P1 口的特点。P1 口的特点如下:

1)P1 口由于有内部上拉电阻,没有高阻抗输入状态,称为准双向口。作为输出口时,不需要再在片外接上拉电阻。

2)P1 口读引脚输入时,必须先向锁存器写入 1,其原理与 P0 口相同。

3)P1 口能驱动 4 个 TTL 负载。

4)CPU 不占用 P1 口,完全由用户支配。

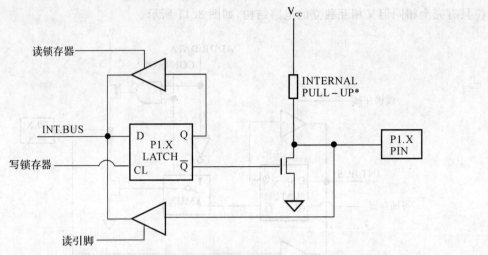

图 3.12　P1 口结构示意图

3.P2 口

P2 口是一个双功能的 8 位口,可以字节访问,也可以位访问。其字节地址为 A0H～A7H。P2 口的各位具有完全相同但又相互独立的电路结构。P2 接口的位结构如图 3.13 所示。

(1)位电路结构的组成。P2 口位电路结构由以下几部分组成。

1)一个数据输出锁存器,用于输出数据锁存。

2)两个三态输入缓冲器,分别用于锁存器和引脚数据的输入缓冲。

3)一个多路开关 MUX,它的一个输入端来自锁存器的输出 Q,另一个输入端来自内部地址的高 8 位。

4)输出驱动电路,由场效应管 FET 和内部上拉电阻 R 组成。

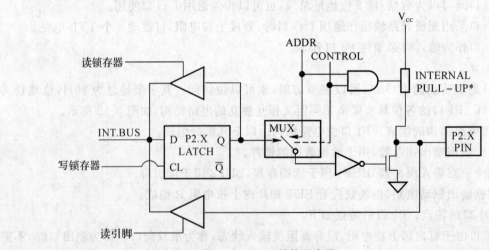

图 3.13　P2 口结构示意图

(2)P2 口的特点。P2 口特点如下:

1)作为地址输出线使用时,P2 口可以输出外存储器的高 8 位地址,与 P0 口输出的低 8 位地址一起构成 16 位地址线,可以寻址 64 KB 的地址空间。当 P2 口作高 8 位地址输出口时,输出锁存器的内容保持不变。

2)作为通用 I/O 口使用时,P2 口为一准双向口,功能与 P1 口一样。

3)P2 口能驱动 4 个 TTL 负载。

4.P3 口

P3 口是一个双功能的 8 位口,每一位都可以分别定义第二输入功能或第二输出功能。该端口可以字节访问,也可以位访问。其字节地址为 B0H,位地址为 B0H~B7H。P3 口的各位完全相同但又相互独立,其结构如图 3.14 所示。

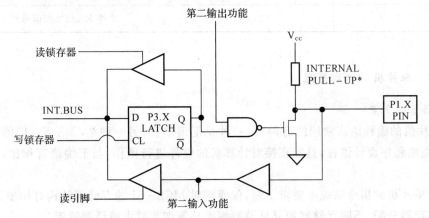

图 3.14 P3 口结构示意图

(1)位电路结构的组成。P3 口的位电路结构由以下几部分组成:

1)1 个数据输出锁存器,用于数据锁存。

2)3 个三态输入缓冲器,分别用于读锁存器、读引脚和第二输入功能数据的输入缓冲。

3)输出驱动电路,由"与非"门 M、场效应管 FET 和内部上拉电阻 R 组成。

(2)P3 口的特点。P3 口特点如下:

1)P3 口内部有上拉电阻,不存在高阻抗输入状态,为准双向口。

2)P3 口作为第二功能输出/输入,或第一功能通用输入,均须将相应位的锁存器置 1。

3)在某位不作为第二功能使用时,可作为第一功能通用 I/O 使用。

4)引脚输入部分有两个缓冲器,第二功能的输入信号取自缓冲器 BUF3 的输出端,第一功能的输入信号则取自缓冲器 BUF2 的输出端。

P3 口作通用 I/O 口时与 P1 口类似,P3 口还具有第二功能。作为第二功能使用时,单片机内部硬件自动将 P3 锁存器置 1,以保证第二功能的输出。P3 口作为第二功能使用时,各引脚定义见表 3.6。

表 3.6 P3 口管脚第二功能

管 脚	名 称	功 能
P3.0	RXD	串行接口输入
P3.1	TXD	串行接口输出
P3.2	$\overline{INT0}$	外部中断 0 输入

续表

管　脚	名　称	功　能
P3.3	$\overline{\text{INT1}}$	外部中断 1 输入
P3.4	T0	定时/计数器 0 的外部输入
P3.5	T1	定时/计数器 1 的外部输入
P3.6	$\overline{\text{WR}}$	片外 RAM"写"信号线
P3.7	$\overline{\text{RD}}$	片外 RAM"读"信号线

3.2.7　单片机 C 语言基础

1.C 语言的优点

51 单片机的编程语言常用的有两种,一种是汇编语言,另一种是 C 语言。C 语言是一种结构化的高级程序设计语言,且能直接对计算机的硬件进行操作,与汇编语言相比,它有如下优点:

(1)对单片机的指令系统不要求了解,仅要求对 MCS-51 的存储器结构有初步了解。

(2)寄存器分配、不同存储器的寻址及数据类型等细节可由编译器管理。

(3)程序有规范的结构,可分为不同的函数,这种方式可使程序结构化。

(4)采用自然描述语言、以近似人的思维过程方式使用,改善了程序的可读性。

(5)编程及程序调试时间显著缩短,大大提高效率。

(6)提供的库包含许多标准子程序,且具有较强的数据处理能力。

(7)程序易于移植。

所以本书的案例全部采用 C 语言进行程序设计。国内在 MCS-51 中使用的 C 高级语言基本上都是采用 Keil/Franklin C 语言,简称 C51 语言。

2.C51 程序结构

C51 程序结构和一般的 C 语言程序没有什么差别。C51 的程序总体上是一个函数定义的集合,但还包括其他一些定义。一个完整的 C51 程序通常包括如下部分:

· 头文件包含

· 宏定义

· 单片机端口位功能定义

· 子函数声明

· 主函数(一个)

· 自定义子函数(多个)

C51 的程序也是从主函数(main()函数)开始执行的,主函数是程序的入口,主函数中的语句执行完毕,则程序执行结束。单片机程序一般需要我们自行编写一定数量的子函数,供主函数调用,并简化书写及逻辑分析工作。

例如:下面为一个完整的 C51 程序。

#include<reg52. h>　　　　　　　　//头文件

```
#define uint unsigned int        //宏定义
sbit D1=P1^0;                    //声明单片机 P1 口的第一位
void delay();                    //声明子函数
void main();                     //主函数
{
        while(1)                 //大循环
        {
         D1=0;                   //点亮第一个发光二极管
           delay();             //延时 500ms
           D1=1;                 //关闭第一个发光二极管
             delay();           //延时 500ms
        }
}
void delay()                     //延时子函数
{
    uint x,y;
    for(x=500;x>0;x——)
    for(y=110;y>0;y——);
}
```

3. 函数

C51 的函数由类型、函数名、参数表、函数体组合而成。函数名是一个标识符,它是大小写可以区别的,最长可为 255 个字符。参数表是用圆括号()括起来若干个参数,项与项之间用逗号隔开。函数体是用大括号括起来的若干 C 语句,语句之间用分号隔开。最后一个语句一般是 return(主函数中可以省略),有时也可以省略。函数类型就是返回值的类型,函数类型除了整型外,需要在函数名前加以指定。

C51 的函数定义如下:

类型　函数名(参数表)

参数说明;

{

数据说明部分:

执行语句部分;

}

4. C51 的数据类型

单片机在编程使用各种变量之前,首先要对变量定义,数据类型是变量一个很重要的概念,数据类型指该类型的数据能表示的数值范围。不能随意给一个变量赋任意的值,因为变量在单片机的内存中是要占据空间的,变量大小不同,所占据的空间就不同。所以在设定一个变量之前,必须要给编译器声明这个变量的类型,以便让编译器提前从单片机内存中分配给这个变量合适的空间。

(1)基本数据类型。单片机的 C 语言程序中常用的数据类型见表 3.7。

表 3.7　单片机的 C 语言程序中常用的数据类型

数据类型	关键字	长度/b	长度/B	值域范围
位类型	bit	1	—	0,1
无符号字符型	unsigned char	8	1	0~255
有符号字符型	char	8	1	−128~127
无符号整型	unsigned int	16	2	0~65535
有符号整型	int	16	2	−32768~32767
无符号长整型	unsigned long	32	4	$0 \sim 2^{32}-1$
有符号长整型	long	32	4	$-2^{31} \sim 2^{31}-1$
单精度实型	float	32	4	3.4e−38~3.4e38
双精度实型	double	64	8	1.7e−308~1.7e308

（2）扩充的数据类型。

1）SFR/SFR16。这是单片机中特殊功能寄存器（SFR）的定义，有 8 位和 16 位的。SFR，对 8 位特殊功能寄存器的定义，占一个字节单元；SFR16，对 16 位特殊功能寄存器的定义，占一个字单元。定义格式为：

SFR 特殊功能寄存器名＝地址；

C51 对特殊功能寄存且做好了定义存在头文件中（REG51.H），用户可直接使用，特殊功能寄存器名一般用大写字母表示。

2）sbit。用于定义片内可位寻址区（20H~2FH）和 SFR 中的可位寻址的位。定义格式为：

sbit 位变量名＝SFR 名^位号；

5.常量与变量

单片机在操作时会涉及各种数据，包括常量与变量。

（1）变量。变量定义的语法格式为：

变量数据类型说明　变量存储位置说明　变量名

C51 是面向 MCS−51 系列单片机及其硬件控制系统的开发工具，它定义的任何数据类型都必须以一定的存储类型的方式定位于 MCS−51 系列单片机的某一存储区中。在 MCS−51 系列单片机中，程序存储器与数据存储器是严格分开的，且都分为片内和片外两个独立的寻址空间，特殊功能寄存器与片内 RAM 统一编址，数据存储器与 I/O 口统一编址，这是 MCS−51 系列单片机与一般微机存储器结构不同的显著特点。

访问片内数据存储器（data,idata,bdata）比访问片外数据存储器（xdata,pdata）相对要快很多，其中尤其以访问 data 型数据最快，因此，可将经常使用的变量置于片内数据存储器中，而将较大以及很少使用的数据单元置于外部数据存储器中。

C51 存储类型与 MCS−51 系列单片机实际存储空间的对应关系见表 3.8。

表 3.8 C51 存储类型与 MCS－51 系列单片机实际存储空间的对应关系

存储类型	与 MCS－51 系列单片机存储空间的对应关系
data	直接寻址片内数据存储区,访问速度快
bdata	可位寻址片内数据存储区,允许位与字节混合访问
idata	间接寻址片内数据存储区,可访问片内全部 RAM
pdata	分页寻址片外数据存储区,每页 256 字节
xdata	片外数据存储区,64KB 空间
code	程序存储区,64KB 空间

(2)常量。常量分数字常量、字符常量和字符串常量 3 种。在串口数据传输、液晶显示等操作时,经常会用到字符常量和字符串常量。通常将变量定义在程序存储区做常量使用。

　　char code CHAR_ARRAY[]＝{"Start working!"};

6. C51 运算符

C51 语言的运算符分以下几种。

(1)算术运算符。算术运算符除了一般人所熟悉的四则运算(加、减、乘、除)符外,还有取余数运算符,见表 3.9。

表 3.9 算术运算符

符 号	功 能	范 例	说 明
＋	加	A＝x＋y	将 x 与 y 的值相加,其和放入 A 变量
－	减	B＝ x－y	将 x 变量的值减去 y 变量的值,其差放入 B 变量
*	乘	C＝ x*y	将 x 与 y 的值相乘,其积放入 C 变量
/	除	D＝ x/y	将 x 变量的值除以 y 变量的值,其商数放入 D 变量
%	取余数	E＝x%y	将 x 变量的值除以 y 变量的值,其余数放入 E 变量

(2)关系运算符。关系运算符用于处理两个变量间的大小关系,见表 3.10。

表 3.10 关系运算符

符 号	功 能	范 例	说 明
＝	相等	x＝＝y	比较 x 与 y 变量的值,相等则结果为 1,不相等则为 0
! ＝	不相等	x! ＝y	比较 x 与 y 变量的值,不相等则结果为 1,相等则为 0
＞	大于	x＞y	若变量 x 的值大于变量 y 的值,其结果为 1,否则为 0

续表

符 号	功 能	范 例	说 明
<	小于	x<y	若变量 x 的值小于变量 y 的值,其结果为1,否则为 0
>=	大等于	x>=y	若变量 x 的值大于或等于变量 y 的值,其结果为1,否则为 0
<=	小等于	x<=y	若变量 x 的值小于或等于变量 y 的值,其结果为1,否则为 0

(3)逻辑运算符。逻辑运算符就是执行逻辑运算功能的操作符号,见表 3.11。

表 3.11 逻辑运算符

符 号	功 能	范 例	说 明
&&	与运算	(x>y)&&(y>z)	若变量 x 的值大于变量 y 的值,且变量 y 的值也大于变量 z 的值,其结果为 1,否则为 0
‖	或运算	(x>y)‖(y>z)	若变量 x 的值大于变量 y 的值,或变量 y 的值大于变量 z 的值,其结果为 1,否则为 0
!	非运算	! x>y	若变量 x 的值大于变量 y 的值,其结果为 0,否则为 1

(4)位运算符。位运算符与逻辑运算符非常相似,它们之间的差异在于位运算符针对变量中的每一位,逻辑运算符则是对整个变量进行操作。位运算的运算方式见表 3.12。

表 3.12 位运算符

符 号	功 能	范 例	说 明
&	与运算	A=x&y	将 x 与 y 变量的每个位进行与运算,其结果放入 A 变量
|	或运算	B=x | y	将 x 与 y 变量的每个位进行或运算,其结果放入 B 变量
ˆ	异或	C=xˆy	将 x 与 y 变量的每个位进行异或运算,其结果放入 C 变量
~	取反	D=~x	将 x 变量的每一位进行取反
<<	左移	E=x<<n	将 x 变量的值左移 n 位,其结果放入 E 变量
>>	右移	F=x>>n	将 x 变量的值右移 n 位,其结果放入 F 变量

(5)递增/减运算符。递增/减运算符也是一种很有效率的运算符,其中包括递增与递减两种操作符号,见表 3.13。

表 3.13　递增/减运算符

符　号	功　能	范　例	说　明
＋＋	加 1	x＋＋	将 x 变量的值加 1
——	减 1	x——	将 x 变量的值减 1

7. C51 的流程控制语句

(1) while 循环语句。它的格式如下：

while(表达式)

{

语句；

}

特点：先判断表达式的值，后执行语句

原则：若表达式不是 0，即为真，那么执行语句。否则跳出 while 语句往下执行。

(2) for 循环语句。for 语句是一个很实用的计数循环，其格式如下：

For (表达式 1；表达式 2；表达式 3)

{

语句；

}

执行过程：

1) 求解一次表达式 1。

2) 求解表达式 2，若其值为真(非 0，即为真)，则执行 for 语句，然后执行第 3) 步。否则结束 for 语句，直接跳出，不再执行第 3) 步。

3) 求解表达式 3。

4) 跳到第 2) 步重复执行。

(3) if-else 语句。if-else 语句提供条件判断的语句，称为条件选择语句，其格式如下：

if(表达式)

{

语句 1；

}

else

{

语句 2；

}

在这个语句里，将先判断表达式是否成立，若成立，则执行语句 1；若不成立，则执行语句 2。

其中 else 部分也可以省略，写成如下格式：

if(表达式)

{

语句；

　　}

除此之外，还有一种选择语句：

if(条件表达式 1)　　　语句 1

else if(条件表达式 2)　　语句 2

……

else if(条件表达式 n) 语句 n

……

else 语句 p

含义：从条件表达式 1 开始顺次向下判断，当遇到为真的那个条件表达式，如"条件表达式 n"，执行语句 n，之后不再判断余下的条件表达式，程序直接跳转到"语句 p"之后。如果所有的条件表达式没有一个为真，则执行"语句 p"。

(4)开关语句。

switch(表达式)

{

case 常量 1:语句 1

　　　　　break；

case 常量 2:语句 2

　　　　　break；

……

case 常量 m:语句 m

　　　　　break；

case 常量 n:语句 n

　　　　　break；

default:语句 p

}

含义：将表达式的值同常量 1 到常量 n 逐个比较，如果表达式的值与某个常量相等，假设与常量 m 相等，则执行语句 m，然后通过语句 m 后的 break 语句直接退出 switch 开关。如果没有一个变量与表达式相等，则执行语句 p，然后结束 switch 开关。

(5)文件包含。C51 为我们提供了大量标准的库函数，这些库函数按照功能被打包成几个文件，见表 3.14。如果我们要使用某个现成的库函数，则需要把该库函数所在的文件包含进单片机程序中。

表 3.14　库函数

函数库	对应头文件	该文件中库函数的功能
字符函数	ctype. h	判断字符、计算字符 ASCII 码、大小写转换
一般 I/O 函数	ctdio. h	单片机串行口输入/输出操作
字符串函数	string. h	字符串替换、比较、查找
标准函数	stdlib. h	字符串与数字之间的转换

续 表

函数库	对应头文件	该文件中库函数的功能
数学函数	math. h	求绝对值、二次方、开方、三角函数
内部函数	intrins. h	循环移位、空操作指令
SFR 声明	reg52. h	声明单片机的特殊功能寄存器

3.3　项 目 实 现

3.3.1　硬件设计

选用 AT89C51 单片机 P0 口作为驱动口,外加 8 个 LED,单片机控制 8 个 LED 灯向左轮流点亮,然后向右轮流点亮,依次往复。流水灯硬件电路如图 3.15 所示。

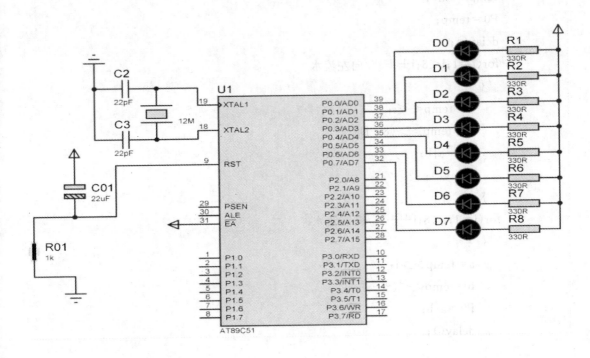

图 3.15　流水灯硬件电路图

3.3.2　软件编程

```
#include <reg51. H>
unsigned char i;
unsigned char temp;
unsigned char a,b;
//延时
```

```
void delay(void)
{
    unsigned char k,i,j;
    for(k=20;k>0;k——)
    for(i=20;i>0;i——)
    for(j=500;j>0;j——);
}
//主程序
void main(void)
{
    while(1)
    {
        temp=0xfe;
        P0=temp;
        delay();
        for(i=1;i<8;i++)//向左流水
        {
            a=temp<<i;
            b=temp>>(8-i);
            P0=a|b;
            delay();
        }
        for(i=1;i<8;i++)//向右流水
        {
            a=temp>>i;
            b=temp<<(8-i);
            P0=a|b;
            delay();
        }
    }
}
```

3.3.3　仿真调试

利用 Keil C51 与 Proteus 软件进行联调,仿真结果如图 3.16 所示。

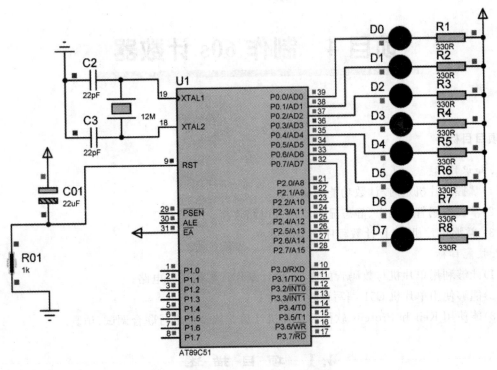

图 3.16 流水灯仿真结果图

习题

1. 在 C 语言里,包含单片机管脚定义、特殊功能寄存器定义的头文件是哪些?

2. 什么是单片机? AT89C51 单片机的片内都集成了哪些功能部件? 各个功能部件的最主要的功能是什么?

3. 简述 AT89C51 单片机引脚功能?

4. AT89C51 单片机的 4 个 I/O 口结构有什么不同?

5. AT89C51 单片机的 4 个 I/O 口作为输入口时,为什么要先写"1"?

6. 写出 P3 口各引脚的第二功能。

7. 什么是机器周期? 如果采用 12MHz 晶振,一个机器周期为多长时间?

8. AT89C51 单片机有哪几种复位方法,复位后的状态如何?

项目 4   制作 60s 计数器

项目目标

1.知识目标

(1)掌握单片机定时/计数功能与应用;

(2)掌握数码管的动态、静态显示原理及电路连接;

(3)掌握单片机定时/计数程序的编写方法。

2.技能目标

(1)能够利用单片机与数码管的连接,设计制作计数器硬件电路;

(2)能够使用单片机 C51 编写计数器程序;

(3)能使用 Keil 和 Proteus 软件对单片机计数器软硬件进行联合调试、仿真。

4.1   项 目 描 述

选用 AT89C51 单片机,晶振频率为 12MHz,P0,P2 口作为驱动口,外加数码管作为显示电路,设计一个 60s 的计数器。

4.2   相 关 知 识 讲 解

4.2.1   AT89C51 定时/计数器

在单片机应用系统中,常需要对外部脉冲进行计数或每隔一定时间执行特定操作,因此定时/计数器是单片机控制系统重要的外设部件,几乎所有单片机控制系统都有一个甚至数个定时/计数器。

AT89C51 单片机内部设有两个 16 位的可编程定时器/计数器。可编程的意思是指其功能(如工作方式、定时时间、量程、启动方式等)均可由指令来确定和改变。在定时/计数器中除了有两个 16 位的计数器之外,还有两个特殊功能寄存器(方式寄存器和控制寄存器)。

51 系列单片机有 T1,T0 两个定时器/计数器。除了 T1 可以作串行通信的波特率发生器外,T1,T0 其他功能相同。这两个计数器分别是由两个 8 位的 RAM 单元组成的,即每个计数器都是 16 位的计数器,最大的计数值是 65 536。单片机中的计数器除了可以作为计数用外,还可以用作定时器。单片机中的定时器和计数器本质上是一样的,只不过计数器记录外界发生的事情,而定时器则是由单片机提供一个稳定的计数源。由单片机的时钟信号通过 12 分频后获得的一个脉冲源。当计数器加满后再加 1 就会产生进位,这种进位称为溢出。计数器溢出后将 TF0 变为"1"。计数器是 16 位的,也就是最大的计数值到 65 535,因此计数计到

65 536就会产生溢出。现实生活中,通常计数值都少于 65 536 个数,如要计 100 个数,在计数器中可先放进预置 65 436 个数,再来 100 个脉冲就可计到 65 536。现代单片机的定时计数器已经有很大的发展,除了定时/计数外还具有输入捕捉、输出比较、PWM(脉宽调制器)等一系列的功能,由于功能已经不局限于计数、定时,故通常称之为计数/定时单元。

1.定时/计数器的结构与功能

(1)定时/计数器的结构。图 4.1 是定时/计数器的结构框图,CPU 通过内部总线与定时器/计数器交换信息。16 位的定时/计数器分别由两个 8 位专用寄存器组成(T0 由 TH0 和 TL0 构成,T1 由 TH1 和 TL1 构成)。这些寄存器是用于存放定时或计数初值,另外还有两个寄存器 TMOD 和 TCON。TMOD 是定时/计数器的工作方式寄存器,由它确定定时/计数器的工作方式和功能;TCON 是定时/计数器的控制寄存器,主要用于控制定时器的启动/停止,此外 TCON 还可以保存 T0,T1 的溢出和中断标志。

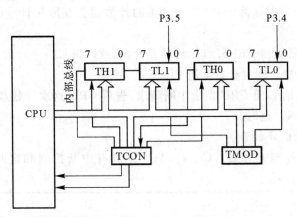

图 4.1　定时/计数器结构图

(2)定时/计数器的功能。

1)计数功能。AT89C51 有 T0/P3.4 和 T1/P3.5 两个引脚,分别为计数器的计数脉冲输入端。外部输入的计数脉冲在负跳变有效,计数器加 1。

脉冲的计数长度与计数器预先装入的初值有关。初值越大,计数长度越小;初值越小,计数长度越大。最大计数长度为 65 536(216)个脉冲(初值为 0)。

2)定时功能。定时工作方式是对芯片内的机器周期计数,或者说计数脉冲来自芯片内部,每来一个机器周期,计数器加 1,直到计数器满,再来一个机器周期信号,定时器全部回 0。这就是溢出。因为每个机器周期的时间固定(晶振为 12 MHz,机器周期为 1μs;晶振为 6 MHz,机器周期为 2μs),由开始计数到溢出这段时间就是定时时间。

在机器周期一定的情况下,定时时间与定时器预先装入的初值有关。初值越大,定时长度越小;初值越小,定时长度越大。最大定时长度为 65 536(216)个机器周期(初值为 0)。

3)定时/计数器的工作原理。16 位的定时器/计数器实质是一个加 1 计数器,其控制电路受软件控制、切换。其输入的脉冲有两个来源,一个是系统的时钟振荡器输出经 12 分频后得来,一个是 T0 或 T1 引脚输入的外部脉冲源。每来一个脉冲,计数器加 1,当加到计数器全为"1"时,再输入一个脉冲,就使计数器清零,且计数器的溢出将使 TCON 中 TF0 或 TF1 置 1,从而向 CPU 发出中断请求。如果定时计数器工作于定时模式,则表示定时时间到;如果工作于计数模式,则表示计数值已满。

①当定时器/计数器为定时方式时,计数器对内部机器周期(一个机器周期等于 12 个振荡周期,则计数频率为振荡频率的 1/12)计数,即每过一个机器周期,计数器加 1,直至计满溢出为止。因而计数值乘以机器周期就是定时时间。

②当定时器/计数器为计数方式时,通过引脚 T0 和 T1 对外部信号计数,计数器在每个机器周期的 S5P2 期间采样引脚输入电平。当一个机器周期采样值为 1,下一个机器周期采样值为 0,则计数器加 1。在接下来的一个机器周期 S3P1 期间,新的计数值装入计数器。由于检测一个由 1 至 0 的跳变需要两个机器周期,因此要求被采样的外部脉冲信号的高低电平至少维持一个机器周期,所以最高计数频率为振荡频率的 1/24。当晶振频率为 12MHz 时,最高计数频率不超过 500kHz,即外部脉冲的周期要大于 $2\mu s$。

4)定时/计数器的工作过程。

①每来一个计数/定时脉冲信号,T0 或 T1 的计数器会在原来计数值(或初值)的基础上加 1 计数。

②当计数值计到最大值 FFFFH 时,计数器计满,这时再来一个计数/定时脉冲信号,计数器会发生溢出,把 TF 置位同时计数器清 0。

③计数器发生溢出后,向 CPU 发出中断请求,告诉 CPU 这次计数/定时结束,让 CPU 写入初值,开始下一轮计数/定时。

2.定时/计数器控制计数器

(1)定时/计数器控制寄存器 TCON。TCON 具有中断控制和定时/计数器控制功能。TCON 的格式见下表。

位 序	D7	D6	D5	D4	D3	D2	D1	D0
位符号	TF1	TR1	TF0	TR0	IE1	IT1	IE0	IT0

①TF0 和 TF1:定时器/计数器溢出标志位。当定时器/计数器 0(或定时器/计数器 1)溢出时,TF0(或 TF1)置 1。若使用中断方式,此位用做中断标志位,在进入中断服务程序后由片内硬件自动清 0;若用于查询方式,此位作为状态位可供查询,但应注意查询有效后应用软件将该位清 0。

②TR0 和 TR1:定时器/计数器运行控制位。

TR0(或 TR1)=0,停止定时/计数器 0(或定时/计数器 1)工作;

TR0(或 TR1)=1,启动定时/计数器 0(或定时/计数器 1)工作。

该位根据需要由软件置 1 或清 0。

(2)定时/计数器方式寄存器 TMOD。定时器方式控制寄存器 TMOD 在特殊功能寄存器中,字节地址为 89H,无位地址。TMOD 的格式见下表。

位 序	D7	D6	D5	D4	D3	D2	D1	D0
位符号	GATE	$C/\overline{T}$	M1	M0	GATE	$C/\overline{T}$	M1	M0

其中,TMOD 的高 4 位用于 T1,低 4 位用于 T0,4 种符号的定义如下:

①GATE:门控制位。当 GATE=0 时,只要用软件使 TR0 或 TR1 置 1 即可启动相应定

时器开始工作。当 GATE＝1 时,除要使 TR0 或 TR1 置 1 外,还要使$\overline{INT0}$、$\overline{INT1}$引脚为高电平时,才能启动相应定时器工作。

②C/$\overline{T}$:定时/计数器选择位。C/$\overline{T}$＝0,为定时器方;C/$\overline{T}$＝1,为计数器方式。

③M1M0:工作方式选择位,定时器/计数器的 4 种工作方式由 M1M0 设定,见表 4.1。

表 4.1　定时/计数器工作方式设置表

M1M0	工作方式	功能说明
00	方式 0	13 位定时/计数器
01	方式 1	16 位定时/计数器
10	方式 2	自动重装初值 8 位定时/计数器
11	方式 3	T0 分为两个独立的 8 位定时/计数器;T1 停止计数

定时/计数器方式控制寄存器 TMOD 不能进行位寻址,只能用字节传送指令设置定时器工作方式,低半字节定义定时器 0,高半字节定义定时器 1。复位时,TMOD 所有位均为 0。

(3)中断允许寄存器 IE。IE 寄存器中与定时器/计数器有关的控制位说明如下:

ET0 (ET1):定时器/计数器中断允许控制位。

ET0(ET1)＝0,禁止定时器/计数器 0(定时器/计数器 1)中断;

ET0(ET1)＝1,允许定时器/计数器 0(定时器/计数器 1)中断。

(4)中断优先级寄存器 IP。IP 寄存器中与定时器/计数器有关的控制位说明如下:

PT0(PT1):定时器/计数器优先级设定位。

PT0(PT1)＝1,定时器/计数器 0(定时器/计数器 1)为高优先级;

PT0(PT1)＝0,定时器/计数器 0(定时器/计数器 1)为低优先级。

3.定时/计数器的工作方式

定时器/计数器 T0 和 T1 有 2 个控制寄存器 TMOD 和 TCON,它们分别用来设置各个定时/计数器的工作方式,选择定时或计数功能,控制启动运行,以及作为运行状态的标志等。

定时/计数器一共有 4 种工作方式,用 M1,M0 来设置,2 位正好是 4 种组合。定时/计数器既可作定时用也可作计数用。如果 C/T 为 0 就是用作定时器,如果 C/T 为 1 就是用作计数器。定时/计数器同一时刻要么作定时用,要么作计数用,不能同时用。如果不用 T0,T1 引脚做定时器/计数器的输入,在使用定时/计数器的同时 T0,T1 引脚还可以做口线用。

当选择了定时或计数工作方式后,定时/计数脉冲却不一定能到达计数端,中间还有一个开关,这个开关不合上,计数脉冲就过不去,有两种情况:当 GATE＝0 时,$\overline{GATE}$＝1,进入或门,或门总是输出 1,和或门的另一个输入端 INT1 无关,在这种情况下,只取决于 TR1,只要 TR1 是 1 就可工作,而如果 TR1 等于 0,计数脉冲无法通过,因此定时器/计数器不能工作;当 GATE＝1 时,计数脉冲通路不仅要由 TR1 来控制,而且还要受到 INT1 引脚的控制,只有 TR1 为 1,且 INT1 引脚也是高电平,计数脉冲才得以通讨。这个特性可以用来测量一个信号的高电平的宽度,通常称为门控方式。

80C51 单片机定时/计数器有 4 种工作方式:方式 0、方式 1、方式 2 和方式 3。除方式 3 外,T0 和 T1 有完全相同的工作状态。下面以 T0 为例,分述各种工作方式的特点和用法。

(1)工作方式 0:13 位方式,由 TL0 的低 5 位和 TH0 的 8 位构成 13 位计数器(TL0 的高 3

位无效）。工作方式 0 的结构如图 4.2 所示。

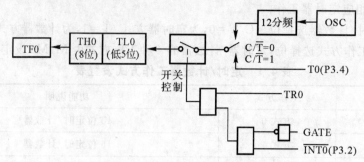

图 4.2 定时/计数器 0 工作方式 0 逻辑结构

由图中的逻辑电路可知，当 GATE＝0 时，只要 TR0＝1 就可打开控制门，使定时器工作；当 GATE＝1 时，只有 TR0＝1 且$\overline{INT0}$为高电平，才可打开控制门。GATE,TR0,C/$\overline{T}$的状态选择由定时器的控制寄存器 TMOD,TCON 中相应位状态确定，$\overline{INT0}$则是外部引脚上的信号。

在一般的应用中，通常使 GATE＝0，从而由 TR0 的状态控制 T0 的开闭：TR0＝1，打开 T0；TR0＝0，关闭 T0。在特殊的应用场合，例如利用定时器测量接于 INT0 引脚上的外部脉冲高电平的宽度时，可使 GATE＝1,TR0＝1。当外部脉冲出现上升沿，亦即$\overline{INT0}$由 0 变 1 电平时，启动 T0 定时，测量开始；一旦外部脉冲出现下降沿，亦即 INT0 由 1 变 0 时就关闭了 T0。

定时器启动后，定时或计数脉冲加到 TL0 的低 5 位，从预先设置的初值（时间常数）开始不断加 1。TL0 计满后，向 TH0 进位。当 TL0 和 TH0 都计满之后，置位 T0 的定时器 0 标志位 TF0，以此表明定时时间或计数次数已到，以供查询或在开中断的条件下，向 CPU 请求中断。如需进一步定时/计数，需要指令重置时间常数。

（2）工作方式 1：方式 1 是 16 位计数器结构的工作方式，计数器由 TH0 的 8 位和 TL0 的 8 位构成。与工作方式 0 基本相同，区别仅在于工作方式 1 的计数器 TL0 和 TH0 组成 16 位计数器，从而比工作方式 0 有更宽的定时/计数范围。工作方式 1 的结构如图 4.3 所示。

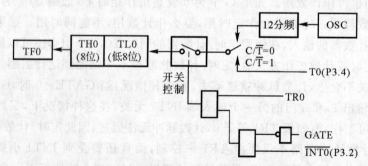

图 4.3 定时/计数器 0 工作方式 1 逻辑结构

（3）工作方式 2：方式 2 为 8 位自动重装初值计数方式。由 TL0 构成 8 位计数器，TH0 仅用来存放初值。启动 T0 前，TL0 和 TH0 装入相同的初值，当 TL0 计满后，将标志位 TF0 置位，同时 TH0 中的初值还会自动地装入 TL0，并重新开始定时或计数。由于这种方式不需要指令重装初值,因而操作方便,在允许的条件下,应尽量使用这种工作方式。当然,这种方式的定时/计数范围要小于方式 0 和方式 1。工作方式 2 的结构如图 4.4 所示。

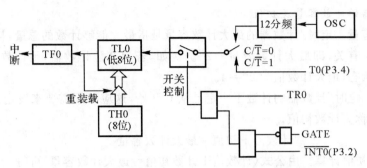

图 4.4　定时/计数器 0 工作方式 2 逻辑结构

初始化时,8 位计数初值同时装入 TL0 和 TH0 中。当 TL0 计数溢出时,置位 TF0,同时把保存在预置寄存器 TH0 中的计数初值自动加载 TL0,然后 TL0 重新计数。如此重复不止。这不但省去了用户程序中的重装指令,而且也有利于提高定时精度。但这种工作方式下是 8 位计数结构,计数值有限,最大只能到 255。这种自动重装初值方式非常适合循环定时或循环计数应用。例如用于产生固定脉宽的脉冲,此外还可以作串行数据通信的波特率发生器使用。

(4)工作方式 3:方式 3 只适用于定时/计数器 T0。如果使定时器 1 为工作方式 3,则定时器 1 将处于关闭状态。

当 T0 为工作方式 3 时,T0 分成 2 个独立的 8 位计数器 TL0 和 TH0。TL0 既可用作定时器,又可用作计数器,并使用 T0 的所有控制位:GATE,$C/\overline{T}$,TR0,TF0 和 $\overline{INT0}$。TH0 只能用作定时器,并且占用 T1 的控制位 TR1,TF1。因此 TH0 的启、停受 TR1 控制,TH0 的溢出将置位 TF1,且占用 T1 的中断源。工作方式 3 的结构如图 4.5 所示。

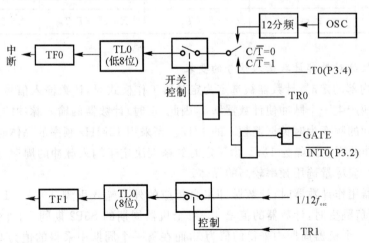

图 4.5　定时/计数器 0 工作方式 3 逻辑结构

通常情况下,T0 不运行于工作方式 3,只有在 T1 处于工作方式 2,并不要求中断的条件下才可能使用。这时,T1 往往用作串行口波特率发生器,TH0 用作定时器,TL0 作为定时器或计数器。所以,方式 3 是为了使单片机有 1 个独立的定时器/计数器、1 个定时器以及 1 个串行口波特率发生器的应用场合而特地提供的。这时,可把定时器 1 用于工作方式 2,把定时器 0 用于工作方式 3。

4.定时/计数器的计数容量及初值

(1)最大计数容量。定时/计数器的最大计数容量是指最大能够计数的总量,与定时/计数器的二进制位数 N 有关,即最大计数容量＝2^N。例如,若为 2 位计数器,则计数状态为 00,01,10,11,共 4 个状态,最大计数值为 $2^N = 4$。

(2)计数初值。定时/计数器的计数不一定是从 0 开始,这应根据需要来设定。这个预先设定的计数起点值称为计数初值。

$$计数值＋初值＝最大计数容量$$

(3)定时/计数初值计算。由公式(计数值＋计数初值＝最大计数容量)可得

$$(计数值＋计数初值)×机器周期＝最大计数容量×机器周期$$

展开后可得

$$计数次数×机器周期＋计数初值×机器周期＝最大计数容量×机器周期$$

即

$$定时时间＋计数初值×机器周期＝最大计数容量×机器周期$$

$$定时时间＝(最大计数容量－初值)×机器周期$$

$$定时初值＝最大计数容量－定时时间/机器周期＝2^N－定时时间/机器周期$$

不同工作方式的定时初值或计数初值的计算方法见表 4.2。

表 4.2　定时,计数器初值计算

工作方式	计数位数	最大计数容量	最大定时时间	定时初值 计算公式	计数初值 计算公式
方式 0	13	$2^{13}=8\,192$	$2^{13}×T_{机}$	$X=2^{13}-T/T_{机}$	$X=2^{13}-计数值$
方式 1	16	$2^{16}=65\,536$	$2^{16}×T_{机}$	$X=2^{16}-T/T_{机}$	$X=2^{16}-计数值$
方式 2	8	$2^8=256$	$2^8×T_{机}$	$X=2^8-T/T_{机}$	$X=2^8-计数值$

5.定时器/计数器对外部计数输入信号的要求

当 MCS-51 内部的定时/计数器被选定为定时器工作模式时,计数输入信号是内部时钟脉冲,每个机器周期产生一个脉冲使计数器增1,因此,定时/计数器的输入脉冲的周期与机器周期一样,输入脉冲的频率为时钟振荡频率的 1/12。当采用 12MHz 频率的晶体时,计数速率为 1MHz,输入脉冲的周期间隔为 1μs。由于定时的精度决定于输入脉冲的周期,因此当需要高分辨率的定时时,应尽量选用频率较高的晶体。

当定时/计数器用作计数器时,计数脉冲来自相应的外部输入引脚 T0 或 T1。当输入信号产生由 1 至 0 的负跳变时,计数器的值增 1。每个机器周期的 S5P2 期间,对外部输入引脚进行采样。如在第一个机器周期中采得的值为 1,而在下一个周期中采得的值为 0,则在紧跟着的再下一个机器周期 S3P1 的期间,计数器加 1。由于确认一次负跳变要花两个机器周期,即 24 个振荡周期,因此外部输入的计数脉冲的最高频率为振荡器频率的 1/24,例如选用 6MHz 频率的晶体,允许输入的脉冲频率最高为 250kHz,如果选用 12MHz 频率的晶体,则最高可输入 500kHz 的外部脉冲。对于外部输入信号的占空比并没有什么限制,但为了确保某一给定的电平在变化之前能被采样一次,则这一电平至少要保持一个机器周期。故对外部计

数输入信号的基本要求如图 4.6 所示,图中 T_{cy} 为机器周期。

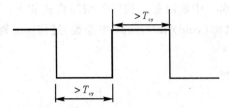

图 4.6   对外部输入信号的基本要求

4.2.2   定时/计数器的编程

1.定时/计数器的初始化

AT89C51 单片机的定时/计数器是可编程的,因此,在使用之前先要通过软件对其进行初始化。初始化程序主要完成以下工作:

(1)对 TMOD 赋值,确定 T0 和 T1 的工作方式;

(2)计算初值,并将其送入 TH0,TL0 或 TH1,TL1;

(3)如使用中断,则还要对 IE 进行赋值,开放中断;

(4)将 TR0 或 TR1 置位,启动定时/计数器。

2.初值确定

因为不同的工作方式,计数器位数不同,因而最大计数值也不同,下面介绍初值的具体算法。假设最大计数值为 M,定时时间为 T,单片机系统时钟频率为 f_{osc},各种工作方式下的 M 值如下:

方式 0:$M=2^{13}=8\,192$。

方式 1:$M=2^{16}=65\,536$。

方式 2:$M=2^8=256$。

方式 3:T0 分成两个独立的 8 位计数器,所以两个 M 均为 256。

因为定时/计数器是做加 1 计数,并在计满溢出时置位 TF0 或 TF1,因此初值 X 计算公式为

$$X=M-计数值=M-\frac{T\times f_{osc}}{12}$$

3.程序结构

单片机的定时/计数使用的是单片机的中断功能,而且是内部中断,所以它的程序结构也就是中断的程序结构。整个程序应包括两个部分:主程序、中断服务程序。

(1)主程序。主程序是指单片机在响应定时/计数中断之前和之后所做的事情。它的结构:

```
void main()
{
...
}
```

(2)中断服务程序。中断服务程序是当 1 次定时/计数结束后,外部设备要求单片机响应

中断所做的事情。当中断发生并被接受后,单片机就跳到相对应的中断服务子程序即中断服务函数执行,以处理中断请求。中断服务子程序的编写格式如下:

void 中断服务程序的名称(void) interrupt 中断编号【fusing 寄存器组号码】

{

中断服务子程序的主体;

}

4. 举例

定时/计数器编程主要是对定时器进行初始化,设置定时器工作模式和确定计数初值或将计数器的计数值显示出来等。

例 4.1 设单片机的 $f_{osc}=1MHz$,要求在 P1.0 脚上输出为 2ms 的方波信号。

周期为 2ms 的方波要求定时间隔为 1ms,每次时间到后 P1.0 取反。

(1)用定时器 0 的方式 1 编程,采用查询方式,程序如下:

```
#include<reg51. h>
sbit p1_0=p1^0;
void main(void)
{TMOD=0x01;          //设置定时器 0 为非门控方式 1
TR0=1;              //启动定时器 0
for(;;)
{TH0=(1000/256);    //装载计数器初值
TL0=-(1000/256;
do{}while(! TF0);  //定时时间到 TF0 取反,查询 TF0 的状态
p1_0=! p1_0;       //定时时间到 P1.0 反相
TF0=0;             //软件清 TF0
}
}
```

(2)用定时器 0 的方式 1 编程,采用中断方式,程序如下:

```
#include<reg51. h>
sbit p1_0=p1^0;
void time(void)interrupt1 using 1//中断服务程序入口
{
p1_0=! p1_0;//p1.0 取反
    TH0=-(1000/256);
}
void main(void)
{
TMOD=-0x01;//设置定时的工作方式
    p1_0=0;
    TH0=-(1000/256);     //预置计数器初值
    Tl0=-(1000/256);
```

```
EA=1;
ET0=1;
TR0=1;
do{}while(1);        //等待中断
}
```

4.3　项目实现

4.3.1　硬件设计

选用 AT89C51 单片机,晶振频率为 12MHz,P0,P2 口作为驱动口,外加数码管作为显示电路,设计一个 60s 的计数器。60s 计数器电路如图 4.7 所示。

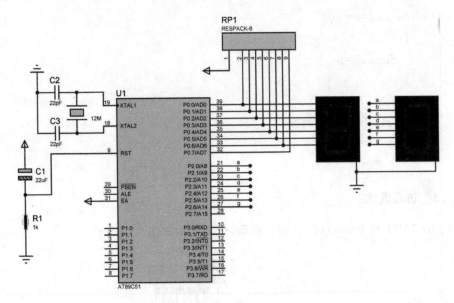

图 4.7　60s 计数器电路图

4.3.2　软件编程

```
#include <reg51.H>
unsigned char code table[]={0x3f,0x06,0x5b,0x4f,0x66,
                            0x6d,0x7d,0x07,0x7f,0x6f};
unsigned char Second;
//延时1s
void delay1s(void)
{
    unsigned char i,j;
    for(i=1000;i>0;i——)
```

```
    for(j=1000;j>0;j--);
}
//主程序
void main(void)
{
    Second=0;
    P0=table[Second/10];
    P2=table[Second%10];
    while(1)
      {
        delay1s();
        Second++;
        if(Second==60)
          {
            Second=0;
          }
        P0=table[Second/10];
        P2=table[Second%10];
      }
}
```

4.3.3　仿真调试

利用 Keil C51 与 Proteus 软件进行联调,仿真结果如图 4.8 所示。

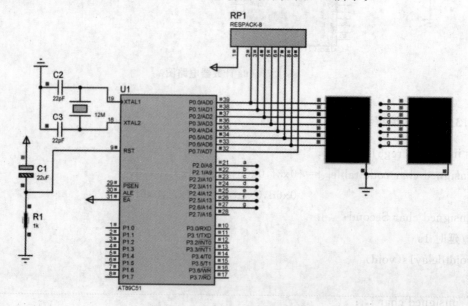

图 4.8　60s 计数器仿真结果图

习题

1. 定时/计数器在什么情况下是定时器？什么情况下是计数器？

2. AT89C51 单片机内部有几个定时/计数器？它们由哪些寄存器组成？

3. 定时/计数器的工作方式 2 有什么特点？适用于什么应用场合？

4. AT89C51 定时/计数器 T0 的工作方式有几种？由哪个寄存器控制？

5. 简述 AT89C51 单片机的定时/计数器 0,1,2 三种工作方式的特点。

6. 当定时器 T0 用于方式 3 时,应该如何控制定时器 T1 的启动和关闭？

7. 试描述 LED 数码管静态显示和动态显示原理。

8. 利用定时/计数器 T0 产生定时时钟,由 P1 口控制 8 个指示灯。编写程序,使 8 个指示灯依次一个一个地闪动,闪动频率为 20 次/s。

9. 已知:单片机的时钟频率为 12MHz,试编写程序完成下列功能的控制程序。

(1) 在 P1.0 引脚输出频率为 10kHz,占空比为 50% 的方波;

(2) 对 P1.0 信号进行 12 分频后在 P1.5 引脚输出。

10. 设单片机系统的晶振频率为 6MHz,利用定时/计数器 T1 方式 0,编程产生 500ms 方波信号,并由 P1.0 输出。

11. 编写程序,要求使用 T0,采用方式 2 定时,在 P1.0 输出周期为 $400\mu s$,占空比为 10 ：1 的矩形脉冲。

项目 5   制作实时控制系统

项目目标

1.知识目标

(1)了解和熟悉 AT89C51 单片机中断系统结构;

(2)理解和掌握 AT89C51 单片机的中断原理及中断响应过程;

(3)掌握 AT89C51 单片机外部中断的功能及应用程序设计。

2.技能目标

(1)能够利用单片机外部中断设计制作简易实时控制系统;

(2)能够使用单片机 AT89C51 编写简易实时控制系统程序;

(3)能使用 Keil 和 Proteus 软件对单片机简易实时控制系统软硬件进行联调和仿真。

5.1 项 目 描 述

选用 AT89C51 单片机,晶振频率为 12MHz,P3 连接矩形按键,P0 口连接显示电路,任意按下一个按键,数码管都会实时显示该按键号。

5.2 相 关 知 识 讲 解

5.2.1 单片机中断系统结构

1.中断的概念

如果单片机没有中断功能,单片机对外部或内部事件的处理只能采用程序查询方式,即 CPU 不断查询是否有事件产生。显然,采用程序查询方式,CPU 不能再做别的事,而是在大部分时间处于等待状态。单片机都具有实时处理功能,能对外部或内部发生的事件做出及时的处理,这是靠中断技术来实现的。

当 CPU 正在处理某件事情(例如,正在执行主程序)的时候,外部或内部发生的某一事件(如某个引脚上电平的变化,一个脉冲沿的发生或计数器的计数溢出等)请求 CPU 迅速去处理,于是,CPU 暂时中止当前的工作,转去处理所发生的事件。中断服务处理程序处理完该事件后,再回到原来被中止的地方,继续原来的工作,这样的过程称为中断,如图 5.1 所示。处理事件的过程,称为 CPU 的中断响应过程。对事件的整个处理过程,称为中断服务(或中断处理)。

实现这种功能的部件称为中断系统,产生中断的请求源称为中断源。中断源向 CPU 提出的处理请求,称为中断请求或中断申请。CPU 暂时中止执行的程序,转去执行中断服务程序,除了硬件会自动把断点地址(16 位程序计数器 PC 的值)压入堆栈之外,用户还得注意保护有关的工作寄存器、累加器、标志位等信息,这称为保护现场。在完成中断服务程序后,恢复有关的工作寄存器、累加器、标志位内容,这称为恢复现场。最后执行中断返回指令,从堆栈中自动弹出断点地址到 PC,继续执行被中断的程序,这称为中断返回。

如果没有中断技术,CPU 的大量时间可能会浪费在原地踏步的操作上。中断方式完全消除了 CPU 在查询方式中的的等待现象,大大地提高了 CPU 的工作效率。由于中断工作方式的优点极为明显,因此在单片机的硬件结构中都带有中断系统。

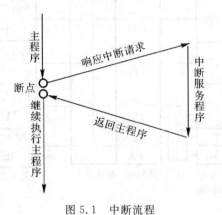

图 5.1　中断流程

2.单片机中断系统

引入中断技术的主要目的是提高主机的效率。例如主机与外设交换信息时,主机可与外设的准备工作并行工作,待外设准备就绪再向主机发出申请,要求主机响应。主机停止当前的工作进行处理,处理完成后再继续自己的工作。这样就避免了主机等待过长的时间,从而提高了主机的效率,这就是我们常说的计算机的实时处理功能。这种能对外部发生的事件做出及时的处理的功能是依靠中断来完成的。

中断依靠硬件来改变 CPU 的运行方向。当 CPU 正在处理某事件时,外部发生了其他事件(例如定时时间到),需要 CPU 马上去处理,这时 CPU 暂停当前工作,转去处理所发生的事件,处理完成之后,再回到被打断的地方继续原来的工作。这样的过程称为中断。能实现中断功能的硬件称为中断系统。

"中断"之后所执行的相应的处理程序通常称之为中断服务或中断处理子程序,原来正常运行的主程序被断开的位置(或地址)称为"断点"。引起中断的原因,或能发出中断申请的来源,称为"中断源"。中断源要求服务的请求称为"中断请求"(或"中断申请")。

主机响应中断进入中断服务程序时需要将断点和现场进行保护,这一点和调用子程序的过程有些相似。待中断服务程序执行完成后再恢复现场,返回原断点继续执行原程序。两者的主要差别是:调用子程序在程序中是事先安排好的,而何时调用中断服务程序事先却无法确定,因为"中断"的发生是由外部因素决定的,程序中无法事先安排调用指令,这个过程是由硬件自动完成的。另外中断返回指令采用 RETI 指令,子程序返回采用 RET 指令。

MCS-51 单片机提供了 5 个中断源:2 个外部中断(INT0 和 INT1)、2 个定时中断(定时器 T0 和定时器 T1)以及 1 个串行中断,52 以上单片机增加了一个定时器 T2 中断。

MCS-51 单片机有 2 个中断优先级:每个中断源都可以通过置位或清除特殊寄存器 IE

中的相关中断允许控制位分别使得中断源有效或无效。

MCS-51单片机中断系统结构如图5.2所示。

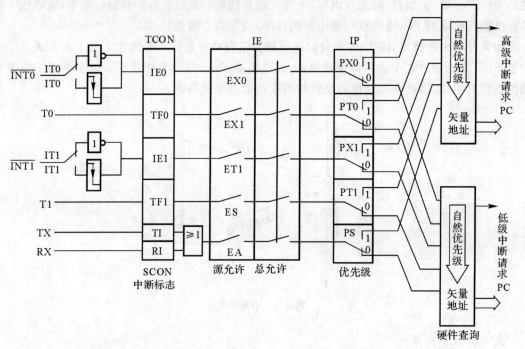

图 5.2 MCS-51单片机中断系统结构

3. 中断源和中断标志

(1)中断源。MCS-51共有5个中断源：2个为由$\overline{INT0}$(P3.2)和$\overline{INT1}$(P3.3)引脚输入的外部中断请求，2个为片内的定时器/计数器T0和T1溢出中断请求TF0,TF1,还有1个为片内的串行口中断请求TI或RI。这些中断源的中断请求信号分别由特殊功能寄存器TCON和SCON的相应位锁存。

5个中断源详述如下：

$\overline{INT0}$:外部中断0请求，由P3.2脚输入。通过IT0脚(TCON.0)来决定是低电平有效还是下跳变有效。一旦输入信号有效，就向CPU申请中断，并建立IE0标志。

$\overline{INT1}$:外部中断1请求，由P3.3脚输入。通过IT1脚(TCON.2)来决定是低电平有效还是下跳变有效。一旦输入信号有效，就向CPU申请中断，并建立IE1标志。

TF0:定时器T0溢出中断请求。当定时器0产生溢出时，定时器0中断请求标志位(TCON.5)置位(由硬件自动执行)，请求中断处理。

TF1:定时器1溢出中断请求。当定时器1产生溢出时，定时器1中断请求标志位(TCON.7)置位(由硬件自动执行)，请求中断处理。

RI或TI:串行中断请求。当接收或发送完一串行帧时，内部串行口中断请求标志位RI(SCON.0)或TI(SCON.1)置位(由硬件自动执行)，请求中断。

(2)中断标志。每一个中断源由程序控制为允许中断或禁止中断。当CPU执行关中断指令(或系统复位后)，将屏蔽所有的中断请求，当CPU执行开中断指令以后才可能接受中断请求。每一个中断请求源可编程控制为高优先级中断或低优先级中断,能实现两级中断嵌套。一个正在执行的低优先级中断服务程序可以被高优先级中断请求所打断,但不能被同级的中断请求所打断;一个正在执行的高优先级的中断服务程序,则不能被任何中断源所中断。中断处理结束后,至少要执行一条指令,才能响应新的中断请求。

4.与中断相关的寄存器

MCS-51 单片机中与中断有关的寄存器有 4 个,分别为中断允许控制寄存器 IE、定时器控制寄存器 TCON、串行口控制寄存器 SCON 和中断优先级控制寄存器 IP。其中 TCON 和 SCON 只有一部分位用于中断控制。

(1)中断允许控制寄存器(IE)。计算机中断系统有两种不同类型的中断:一类称为非屏蔽中断,另一类称为可屏蔽中断。对非屏蔽中断,用户不能用软件的方法加以禁止,一旦有中断申请,CPU 必须予以响应。对可屏蔽中断,用户可以通过软件方法来控制是否允许某中断源的中断,允许中断称中断开放,不允许中断称中断屏蔽。

AT89C51 单片机的 5 个中断源都是可屏蔽中断,CPU 在中断系统内部设有一个专用寄存器 IE,用于控制对各中断源的开放或屏蔽。IE 寄存器格式见表 5.1。

表 5.1　IE 寄存器格式

bit	AFH	/	/	ACH	ABH	AAH	A9H	A8H	
IE	EA			ES	ET1	EX1	ET0	EX0	(A8H)

EA(IE.7):总中断允许控制位。EA=1,开放所有中断,各中断源的允许和禁止可通过相应的中断允许位单独加以控制;EA=0,禁止所有中断。

ES(IE.4):串行口中断允许位。ES=1,允许串行口中断;ES=0,禁止串行口中断。

ET1(IE.3):定时/计数器 T1 的溢出中断允许位。ET1=1,允许定时器 T1 中断;ET1=0,禁止定时器 T1 中断。

EX1(IE.2):外部中断$\overline{\text{INT1}}$中断允许位。EX1=1,允许$\overline{\text{INT1}}$中断;EX1=0,禁止$\overline{\text{INT1}}$中断。

ET0(IE.1):定时/计数器 T0 的溢出中断允许位。ET0=1,允许定时器 T0 中断;ET0=0,禁止定时器 T0 中断。

EX0(IE.0):外部中断$\overline{\text{INT0}}$中断允许位。EX0=1,允许$\overline{\text{INT0}}$中断;EX0=0,禁止$\overline{\text{INT0}}$中断。

80C51 单片机系统复位后,IE 中各中断允许位均被清 0,即禁止所有中断。

(2)定时器控制寄存器(TCON)。TCON 为定时器/计数器 T0 和 T1 的控制寄存器,同时也锁存 T0 和 T1 的溢出中断标志及外部中断$\overline{\text{INT0}}$和$\overline{\text{INT1}}$的中断标志等。TCON 寄存器格式见表 5.2。

表 5.2　TCON 寄存器格式

bit	8FH	8EH	8DH	8CH	8BH	8AH	89H	88H	
TCON	TF1	TR1	TF0	TR0	IE1	IT1	IE0	IT0	(88H)

与中断有关的位解释如下:

TF1(TCON.7):定时器 T1 的溢出中断标志。T1 被启动计数后,从初值做加 1 计数,计满溢出后由硬件置位 TF1,并向 CPU 发出中断请求,此标志一直保持到 CPU 响应中断后才由硬件自动清 0。也可由软件查询或清除。

TR1:定时/计数器 1 运行控制位。TR1 置"1"启动定时器 1 工作;TR1 置"0"停止定时器 1 工作。TR1 置 1 或清 0 由软件来设置。

TF0:定时器 0 溢出标志。其功能及操作情况同 TF1。

TR0:定时器 0 运行控制位。其功能及操作情况同 TR1。

TF0(TCON.5):定时器 0 溢出中断标志。其含义与 TF1 类同。

IE1(TCON.3):外部中断$\overline{INT1}$的中断请求标志。当 CPU 检测到外部中断引脚$\overline{INT1}$上存在有效的中断信号时,由硬件置位 IE1 向 CPU 申请中断。CPU 响应该中断请求时,由硬件使 IE1 清 0(边沿触发方式)。

IT1(TCON.2):外部中断$\overline{INT1}$的触发方式控制位。

当 IT1＝0 时,外部中断$\overline{INT1}$控制为电平触发方式,低电平有效。CPU 在每个机器周期的 S5P2 期间对$\overline{INT1}$引脚采样,若为低电平则认为有中断申请,随即置位 IE1;若为高电平,则认为无中断申请,使 IE1 清 0。在电平触发方式中,CPU 响应中断后不能由硬件自动清除 IE1 标志,也不能由软件清除 IE1 标志,所以,在中断返回之前必须撤消引脚上的低电平,否则将再次中断导致出错。

当 IT1＝1 时,外部中断$\overline{INT1}$控制为边沿触发方式,负跳变有效。CPU 在每个机器周期的 S5P2 期间对$\overline{INT1}$引脚采样,若在相继的两个机器周期采样过程中,首先采样到$\overline{INT1}$为高电平,接着的下一个机器周期采样到$\overline{INT1}$为低电平,则认为有中断申请,置位 IE1;直到 CPU 响应中断后,才由硬件使 IE1 清 0。在边沿触发中,外部中断源输入的高低电平的持续时间至少要大于 12 个时钟周期。

IE0(TCON.1):外部中断$\overline{INT0}$的中断请求标志,其含义与 IE1 类同。

IT0(TCON.0):外部中断$\overline{INT0}$的触发方式控制位,含义与 IT1 类同。

(3)串口控制寄存器(SCON)。SCON 是串行口控制寄存器,其低两位 TI 和 RI 锁存串行口的发送中断标志和接收中断标志,SCON 寄存器格式见表 5.3。

表 5.3　SCON 寄存器格式

bit	/	/	/	/	/	/	99H	98H	
SCON							TI	RI	(98H)

TI(SCON.1):串行口发送中断请求标志。CPU 将数据写入发送缓冲器 SBUF 时,就启动发送,每发送完一个串行帧,硬件将使 TI 置位。但 CPU 响应中断时并不清除 TI,必须由软件清除。

RI(SCON.0):串行口接收中断请求标志。在串行口允许接收时,每接收完一个串行帧,硬件将使 RI 置位。同样,CPU 在响应中断时不会清除 RI,必须由软件清除。

80C51 系统复位后,TCON 和 SCON 均清 0,应用时要注意各位的初始状态。

(4)中断优先级控制寄存器(IP)。80C51 单片机有两个中断优先级,每个中断源都可以通过编程确定为高优先级中断或低优先级中断,因此,可实现二级嵌套。

专用寄存器 IP 为中断优先级寄存器,锁存各中断源优先级控制位,IP 中的每一位均可由软件来置 1 或清 0,且 1 表示高优先级,0 表示低优先级。其格式见表 5.4。

表 5.4　IP 寄存器格式

bit	/	/	/	BCH	BBH	BAH	B9H	B8H	
IP			PS	PT1	PX1	PT0	PX0	(B8H)	

中断优先级寄存器中各个位的含义如下:

PS(IP.4):串行口中断优先控制位。PS=1,设定串行口为高优先级中断;PS=0,设定串行口为低优先级中断。

PT1(IP.3):定时器/计数器 T1 中断优先控制位。PT1=1,定时/计数器 T1 中断为高优先级中断;PT1=0,定时/计数器 T1 中断为低优先级中断。

PX1(IP.2):外部中断$\overline{INT1}$中断优先控制位。PX1=1,设定外部中断$\overline{INT1}$为高优先级中断;PX1=0,设定外部中断$\overline{INT1}$为低优先级中断。

PT0(IP.1):定时/计数器 T0 中断优先控制位。PT0=1,定时/计数器 T0 中断为高优先级中断;PT0=0,定时/计数器 T0 中断为低优先级中断。

PX0(IP.0):外部中断$\overline{INT0}$中断优先控制位。PX0=1,设定外部中断$\overline{INT0}$为高优先级中断;PX0=0,设定外部中断$\overline{INT0}$为低优先级中断。

当系统复位后,IP 被清 0,所有中断源均设定为低优先级中断。IP 各位都可以由用户程序置位或复位。

当有两个以上中断源同时发出中断请求时,CPU 通过内部硬件查询序列来确定优先服务于哪一个中断请求。对于相同优先级的中断源来说,其优先级不同。优先级由硬件形成,排列见表 5.5。

表 5.5　中断优先级

中断源	同级的中断优先级
外部中断$\overline{INT0}$	最高级
定时/计数器 T0 中断	
外部中断$\overline{INT1}$	↓
定时/计数器 T1 中断	
串行口中断	最低级

5. 中断优先级

AT89C51 的中断请求源有两个中断优先级,对于每一个中断请求源可由软件定为高优先级中断或低优先级中断,可实现两级中断嵌套,两级中断嵌套的过程如图 5.3 所示。

由图 5.3 可见,一个正在执行的低优先级中断程序能被高优先级的中断源所中断,但不能被另一个低优先级的中断源所中断。若 CPU 正在执行高优先级的中断,则不能被任何中断源所中断,一直执行到结束,遇到中断返回指令,返回主程序后再执行一条指令后才能响应新的中断请求。以上所述可以归纳为下面两条基本规则:

(1)低优先级可被高优先级中断,反之则不能。

(2)任何一种中断(不管是高级还是低级),一旦得到响应,不会再被它的同级中断源所中断。如果某一中断源被设置为高优先级中断,在执行该中断源的中断服务程序时,则不能被任何其他的中断源所中断。

AT89C51的片内有一个中断优先级寄存器,其字节地址为 B8H,可位寻址。只要用程序改变其内容,即可进行各中断源中断级别的设置。

中断优先级控制寄存器的各位都由用户程序置"1"和清"0",可用位操作指令或字节操作指令更新它的内容,以改变各中断源的中断优先级。

AT89C51复位以后 IP 为 0,各个中断源均为低优先级中断。

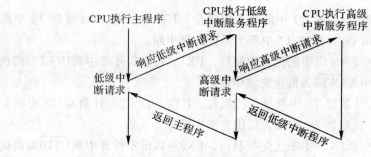

图 5.3　两级中断嵌套

为进一步了解 AT89C51 中断系统的优先级,简单介绍一下 AT89C51 的中断优先级结构。MCS-51 的中断系统有两个不可寻址的"优先级激活触发器"。其中一个指示某高优先级的中断正在执行,所有后来的中断均被阻止。另一个触发器指示某低优先级的中断正在执行,所有同级的中断都被阻止,但不阻断高优先级的中断请求。

当工作于多中断事件环境中时,AT89C51 单片机优先级的控制原则如下:

为了实现中断嵌套,高优先级中断请求可以中断低优先级的中断服务;反之则不允许。

同等优先级中断源之间不能中断对方的中断服务过程。

在同时收到几个同一优先级的中断请求时,哪一个中断请求能优先得到响应,取决于内部的查询顺序。这相当于在同一个优先级内,还同时存在另一个辅助优先级结构,其查询顺序如下:

外部中断 0、定时/计数器 0、外部中断 1、定时/计数器 1 和串口中断。

由上可见,各中断源在同一个优先级的条件下,外部中断 0 的优先权最高,串行口的优先权最低。

6.中断处理过程

中断处理过程可分为中断响应、中断处理和中断返回 3 个阶段。

(1)中断响应及响应过程。CPU 在每个机器周期的 S5P2 顺序采样每一个中断源。当中断源申请中断时,先将这些中断请求锁存在 TCON 或 SCON 寄存器的相应位。在每一个机器周期的 S6 期间顺序查询所有的中断标志,并按规定的优先级处理所有被激活了的中断请求。如果没有被下述条件所阻止,将在下一个机器周期的 S1 期间响应激活了的中断请求。

条件 1:CPU 正在处理同级或更高级的中断。

条件 2:当前的机器周期不是所执行指令的最后一个机器周期(即正在执行的指令完成

前,任何中断请求都得不到响应)。

条件3:正在处理的指令是 RETI 或对 IE,IP 寄存器的读/写操作指令(即在 RETI 或者读/写 IP,IE 之后,不会马上响应中断请求,而是至少再执行一条其他指令之后才会响应)。

条件2确保正在处理的指令在进入任何中断服务程序前可以执行完毕。条件3确保了如果正在处理的指令是 RETI 或任何访问 IE 或 IP 寄存器的指令,那么在进入任何中断服务程序之前至少再执行一条指令。

需要特别注意的是,如果上述条件中有一个存在,CPU 将丢弃中断查询的结果;否则将在紧接着的下一个机器周期执行中断查询的结果。即每次查询周期都会更新中断标志。

如果因为出现上面所述的情况,造成某个中断标志位有效但仍然没有被响应,则当阻碍的条件撤除时中断标志将不再有效,中断也将不再响应。换句话说,如果中断标志有效时没有响应中断,之后将不再被记忆。

中断响应过程包括保护断点和将程序转向中断服务程序的入口地址。首先,中断系统通过硬件自动生成长调用指令(LACLL),该指令将自动把断点地址压入堆栈保护(不保护累加器 A、状态寄存器 PSW 和其他寄存器的内容),然后,将对应的中断入口地址装入程序计数器 PC(由硬件自动执行),使程序转向该中断入口地址,执行中断服务程序。MCS - 51 系列单片机各中断源的入口地址由硬件事先设定,分配见表5.6。

表 5.6　AT89C51 单片机各中断源入口地址分配

中断源	入口地址
外部中断INT0	0003H
定时/计数器 T0 中断	000BH
外部中断INT1	0013H
定时/计数器 T1 中断	001BH
串行口中断	0023H

使用时,通常在这些中断入口地址处存放一条绝对跳转指令,使程序跳转到用户安排的中断服务程序的起始地址上去。

(2)中断处理。中断处理就是执行中断服务程序。中断服务程序从中断入口地址开始执行,到返回指令"RETI"为止,一般包括两部分内容,一是保护现场,二是完成中断源请求的服务。

通常,主程序和中断服务程序都会用到累加器 A、状态寄存器 PSW 及其他一些寄存器,当 CPU 进入中断服务程序用到上述寄存器时,会破坏原来存储在寄存器中的内容,一旦中断返回,有可能会导致主程序的混乱,因此,在进入中断服务程序后,一般要先保护现场,然后,执行中断处理程序,在中断返回之前再恢复现场。

编写中断服务程序时有以下几点经验。

1)各中断源的中断入口地址之间只相隔8个字节,容纳不下普通的中断服务程序,因此,在中断入口地址单元通常存放一条无条件转移指令,可将中断服务程序转至存储器的其他任何空间。

2)在中断处理过程中,有可能被更高一级的中断打断,形成中断嵌套,如图 5.4 所示。

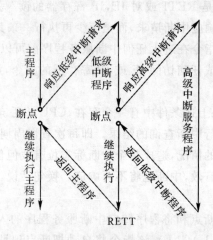

图 5.4　中断嵌套流程图

若要在执行当前中断程序时禁止其他更高优先级中断,需先用软件关闭 CPU 中断,或用软件禁止相应高优先级的中断,在中断返回前再开放中断。

(3)中断返回。中断返回是指中断服务完后,计算机返回原来断开的位置(即断点),继续执行原来的程序。中断返回由中断返回指令 RETI 来实现。该指令的功能是把断点地址从堆栈中弹出,送回到程序计数器 PC,此外,还通知中断系统已完成中断处理,并同时清除优先级状态触发器。

CPU 执行 RETI 时,清除响应中断时所置位的优先级触发器,然后从堆栈中弹出顶上的两个字节到程序计数器 PC,CPU 从原来打断处重新执行被中断的程序。特别要注的是,RET只具有后面的功能,所以不能用"RET"指令代替"RETI"指令来完成中断返回。

(4)中断请求的撤除。CPU 响应中断请求后即进入中断服务程序,在中断返回前,应撤除该中断请求,否则,会重复引起中断而导致错误。MCS-51 各中断源中断请求撤消的方法各不相同,分别为:

1)定时器中断请求的撤除。对于定时器 0 或 1 溢出中断,CPU 在响应中断后即由硬件自动清除其中断标志位 TF0 或 TF1,无需采取其他措施。

2)串行口中断请求的撤除。对于串行口中断,CPU 在响应中断后,硬件不能自动清除中断请求标志位 TI,RI,必须在中断服务程序中用软件将其清除。

3)外部中断请求的撤除。外部中断可分为边沿触发型和电平触发型。

对于边沿触发的外部中断$\overline{\text{INT0}}$或$\overline{\text{INT1}}$,CPU 在响应中断后由硬件自动清除其中断标志位 IE0 或 IE1,无需采取其他措施。

对于电平触发的外部中断,其中断请求撤除方法较复杂。因为对于电平触发外中断,CPU 在响应中断后,硬件不会自动清除其中断请求标志位 IE0 或 IE1,同时,也不能用软件将其清除,所以,在 CPU 响应中断后,应立即撤除或引脚上的低电平。否则,就会引起重复中断而导致错误。而 CPU 又不能控制或引脚的信号,因此,只有通过硬件再配合相应软件才能解决这个问题。

7.外部中断的触发方式选择

外部中断的触发有两种触发方式：电平触发方式和跳沿触发方式。

(1)电平触发方式。若外部中断定义为电平触发方式,外部中断申请触发器的状态随着CPU 在每个机器周期采样到的外部中断输入线的电平变化而变化,这能提高 CPU 对外部中断请求的响应速度。当外部中断源被设定为电平触发方式时,在中断服务程序返回之前,外部中断请求输入必须无效(即变为高电平),否则 CPU 返回主程序后会再次响应中断。所以电平触发方式适合于外部中断以低电平输入而且中断服务程序能清除外部中断请求源(即外部中断输入电平又变为高电平)的情况。

(2)跳沿触发方式。外部中断若定义为跳沿触发方式,外部中断申请触发器能锁存外部中断输入线上的负跳变。即便是 CPU 暂时不能响应,中断申请标志也不会丢失。在这种方式里,如果相继连续两次采样,一个机器周期采样到外部中断输入为高,下一个机器周期采样为低,则置"1"中断申请触发器,直到 CPU 响应此中断时才清 0。这样不会丢失中断,但输入的负脉冲宽度至少保持 12 个时钟周期(若晶振频率为 6MHz,则为 $2\mu s$),才能被 CPU 采样到。外部中断的跳沿触发方式适合于以负脉冲形式输入的外部中断请求。

8.中断请求的撤消

某个中断请求被响应后,就存在着一个中断请求的撤消问题。下面按中断类型分别说明中断请求的撤消方法。

(1)定时/计数器中断请求的撤消。定时/计数器中断的中断请求被响应后,硬件会自动把中断请求标志位(TF0 或 TF1)清"0",因此定时/计数器中断请求是自动撤消的。

(2)外部中断请求的撤消。

1)跳沿方式外部中断请求的撤消。本类型中断请求的撤消,包括两项内容:中断标志位的清"0"和外中断信号的撤消。其中,中断标志位(IE0 或 IE1)的清"0"是在中断响应后由硬件自动完成的。而外中断请求信号的撤消,由于跳沿信号过后也就消失了,所以跳沿方式外部中断请求也是自动撤消的。

2)电平方式外部中断请求的撤消。对于电平方式外部中断请求的撤消,中断请求标志的撤消是自动的,但中断请求信号的低电平可能继续存在,在以后的机器周期采样时,又会把已清"0"的 IE0 或 IE1 标志位重新置"1"。为此,要彻底解决电平方式外部中断请求的撤消,除了标志位清"0"之外,必要时还需在中断响应后把中断请求信号引脚从低电平强制改变为高电平。

3)串行口中断请求的撤消。串行口中断请求的撤消只有标志位清"0"的问题。串行口中断的标志位是 TI 和 RI,但对这两个中断标志不进行自动清"0"。因为在中断响应后,CPU 无法知道是接收中断还是发送中断,还需测试这两个中断标志位的状态,以判定是接收操作还是发送操作,然后才能清除。所以串行口中断请求的撤消只能使用软件的方法,在中断服务程序中进行。

5.2.2　中断程序编写

1.中断初始化

在用到外部中断之前,要先用指令来设置相关寄存器的初始值,设定外部中断的初始条件,即外部中断的初始化,包括：

(1)开放 CPU 中断和有关中断源的中断允许,设置中断允许寄存器 IE 中相应的位。

(2)根据需要确定各中断源的优先级别,设置中断优先级寄存器 IP 中相应的位。

(3)根据需要确定外部中断的触发方式,设置定时控制寄存器 TCON 中相应的位。

2.程序结构

整个程序包括两个部分:主程序和中断服务程序。

(1)主程序。主程序是指单片机在相应外部中断之前和之后所做的事情。它的结构:

```
void main( )
{
...
}
```

(2)中断服务程序。中断服务程序是外部设备要求单片机响应中断所做的事情。当中断发生被接受后,单片机就跳到相对应的中断服务子程序即中断服务函数执行,以处理中断请求。中断服务子程序有一定的编写格式,以下是 C51 语言的中断服务子程序的格式。

中断服务程序的函数定义的语法格式为:

返回值　函数名（［参数］)interrupt m[using n]

```
{
中断服务子程序的主体
}
```

返回值 函数名(［参数］)部分与标准 C 语言的意义相同。interrupt m 用于选择中断号。m 对应中断源的中断号,取值 0~31,不允许使用表达式。MCS-51 中断源编号见表 5.7。

对于 MCS-51 而言,其中断编号可以为从 0 到 4 的数字,表 5.7 给出了 5 个中断源的编号。

表 5.7　MCS-51 中断源编号

编　号	中断源	入口地址
0	外中断 0	0003H
1	定时/计数器 0	000BH
2	外中断 1	0013H
3	定时/计数器 1	001BH
4	串行中断	0023H

using n 选项用于实现工作寄存器组的切换,n 是中断服务程序中选用的工作寄存器组号。在许多情况下,相应中断时需要保护有关的现场信息,以便中断返回后,能使中断前的源程序从断点处继续执行下去。在 MCS-51 单片机中,可以利用工作寄存器组的切换来实现现场保护。即在进入中断服务程序前使用一组工作寄存器,进入中断后,由"using n"切换到另一组寄存器,中断返回后又回到原寄存器。

为了方便起见,在包含文件中定义了以下这些常量:

```
# define IE0_VECTOR 0      / * 0x03 External0 * /
# define TF0_VECTOR 1      / * 0x0B Timer0 * /
```

```
#define IE1_VECTOR 2        /* 0x03 External1 */
#define TF1_VECTOR 3        /* 0x1B Timer1  */
#define SIO_VECTOR 4        /* 0x23 Serial port */
```

因此用户只要使用以上所定义的常量即可。寄存器组号码是指使用的第几组工作寄存器,常可省略,默认第 0 组工作寄存器。

5.3　项目实现

5.3.1　硬件设计

选用 AT89C51 单片机,晶振频率为 12MHz,P3 连接矩形按键,P0 口连接显示电路,任意按下一个按键,数码管都会实时显示该按键号。简易实时控制系统如图 5.5 所示。

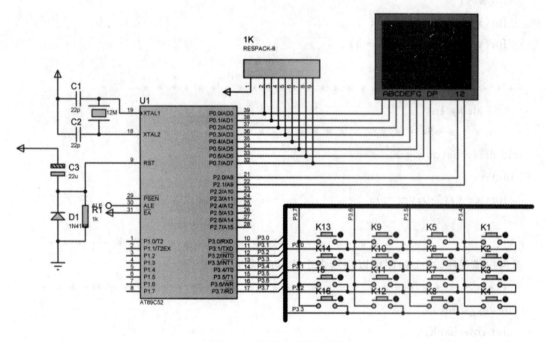

图 5.5　简易实时控制系统

5.3.2　软件编程

```
/* * * * * * * * * * * * * * * * * * * * * * * * * * * * * * * * * * *
function:
矩阵键盘扫描程序,可以判断多按键的情况。把按键显示出来。
 * * * * * * * * * * * * * * * * * * * * * * * * * * * * * * * * * */
#include<reg52.h>//包含命令,包含 51 单片机的特殊功能寄存器
#define uint unsigned int //宏定义,用 uint 表示无符号整型变量
```

```
#define uchar unsigned char//宏定义,用 uchar 表示无符号字符型变量
sbit START=P3^0;
sbit EOC=P3^1;
sbit OE=P3^2;
uchar code table[]={0x3f,0x06,0x5b,0x4f,0x66,0x6d,0x7d,0x07,0x7f,0x6f};
//uchar code KeyCodeTable[]={0x11,0x12,0x14,0x18,0x21,0x22,0x24,0x28,0x41,
0x42,0x44,0x48,0x81,0x82,0x84,0x88};
uint ten,single,val,value;
/* * * * * * * * * * * * * * * * * * * * * * * * * * * * * *
        delay 1000us
 * * * * * * * * * * * * * * * * * * * * * * * * * * * * */
void delay_ms(uint z)
{ uint x,y;
  for(x=z;x>0;x--);
  for(y=1000;y>0;y--);
}
/* * * * * * * * * * * * * * * * * * * * * * * * * * * *
        delay 1us
 * * * * * * * * * * * * * * * * * * * * * * * * * * * * */
void delay_us(uint y )
{ uint x;
  for(x=y;y>0;y--);
}
/* * * * * * * * * * * * * * * * * * * * * * * * * * * * * * * * * * *
键盘扫描程序,这个程序可以判断多个按键的情况。
 * * * * * * * * * * * * * * * * * * * * * * * * * * * * * * * * * */
void key_scan()
{ uint row,bank;
  P3=0xf0;
  if((P3&0xf0)! =0xf0)
    { delay_ms(2);
  if((P3&0xf0)! =0xf0)
  { row=P3;
    P3=0x0f;
bank=P3;
  }
}
```

```
    else return;
    row=~row;
    row=row&0xf0;
    bank=~bank;
    bank=bank&0x0f;
    value=row|bank;
    P3=0xff;


}


/* * * * * * * * * * * * * * * * * * * * * * * * * * * *
显示程序
* * * * * * * * * * * * * * * * * * * * * * * * * * * * */
void display (uint n )
{


    ten=n/10;
single=n%10;
P2=0xff; //closed display
    if((P0=table[ten])==0x3f)
  P2=0xff;
else
  {P2=0xfe;
  P0=table[ten];
  }
    delay_ms(1);
P2=0xfd;
    P0=table[single];
    delay_ms(1);
}


/* * * * * * * * * * * * * * * * * * * * * * * * * * * *

* * * * * * * * * * * * * * * * * * * * * * * * * * * * */
void count_value( )
{
switch(value)
```

```
    { case 0x0011: val=1; break;
      case 0x0012: val=2; break;
      case 0x0014: val=3; break;
      case 0x0018: val=4; break;
      case 0x0021: val=5; break;
      case 0x0022: val=6; break;
      case 0x0024: val=7; break;
      case 0x0028: val=8; break;
      case 0x0041: val=9;  break;
      case 0x0042: val=10; break;
      case 0x0044: val=11; break;
      case 0x0048: val=12; break;
      case 0x0081: val=13; break;
      case 0x0082: val=14; break;
      case 0x0084: val=15; break;
      case 0x0088: val=16; break;
      default: val=0;
  }
  }


/ * * * * * * * * * * * * * * * * * * * * * * * * * * * *
lead program
* * * * * * * * * * * * * * * * * * * * * * * * * * * * */
void main()
{

  while(1)
  {
  key_scan();
    count_value( );
    display(val);
```

5.3.3 仿真调试

利用 Keil C51 与 Proteus 软件进行联调,仿真结果如图 5.6 所示。

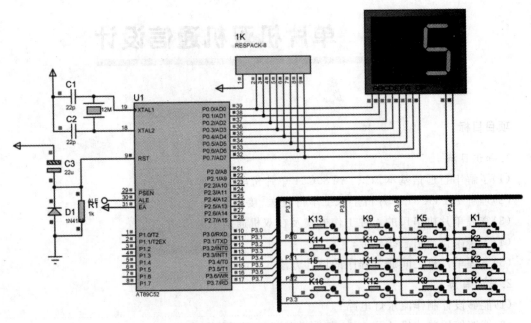

图 5.6　简易实时控制系统仿真结果

习题

1. 什么是中断？AT89C51 单片机有哪几个中断源？如何设定它们的优先级？

2. 什么是中断嵌套？

3. 什么叫中断源？MCS - 51 有哪些中断源？各有什么特点？

4. 简述 AT89 系列单片机的中断处理过程。

5. AT89C51 单片机有几个中断源？CPU 对其中断请求如何进行控制？

6. 外部中断有哪两种触发方式？如何选择？

7. 什么是中断嵌套？试描述中断服务程序的嵌套执行过程。

8. 简述 LED 数码管静态显示和动态显示的特点。

9. 设计一个 0~999 的手动计数器。

10. 编写出外部中断 1 为跳沿触发的中断初始化程序。

项目6 单片机双机通信设计

项目目标

1.知识目标

(1)了解串行通信基本知识、AT89C51单片机串口结构；

(2)理解AT89C51单片机全双工串行发送、接收原理；

(3)掌握单片机串口的4种工作方式及在双机通信中的应用；

(4)了解串行通信总线标准；

(5)掌握单片机之间通信程序的设计方法。

2.技能目标

(1)能够设计制作流水灯电路；

(2)能够使用单片机AT89C51编写单片机之间通信程序；

(3)能够使用Keil和Proteus软件对单片机间通信项目的软硬件进行联合调试、仿真。

6.1 项 目 描 述

选用AT89C51单片机,晶振频率为12MHz,两台通信主机通过串口通信,可以通过对方的按键控制对方主机的数码管显示相应8421码。

6.2 相关知识讲解

6.2.1 串行通信基本知识

1.并行通信与串行通信

计算机与外界进行信息交换称为通信。通信的基本方式分为并行通信和串行通信两种,如图6.1所示。

(1)并行通信。并行通信是指数据的各位同时进行传送(发送或接收)的通信方式。其优点是传输速度快,缺点是传输线多,数据有多少位,就需要多少传输线。所以当传输距离较远、传输数据位数多时会导致通信线路复杂且成本高。

(2)串行通信。串行通信是指数据一位接一位地按顺序传送的通信方式。其优点是通信线路简单,只需要少数几条线就可以实现通信,大大地降低了传送成本,特别适用于远距离通信。缺点是串行通信的传送速度相对比较低。

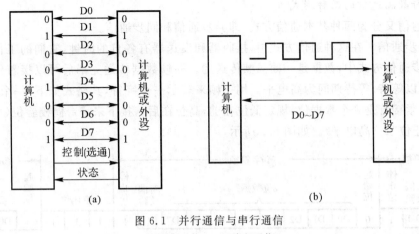

图 6.1 并行通信与串行通信

(a)并行通信; (b)串行通信

2.串行通信的传输方式

(1)单工方式。数据仅按一个固定方向传送,因而这种传输方式的用途有限,常用于串行口的打印数据传输与简单系统间的数据采集。如图 6.2 所示,通信线的 A 端只有发送器,B 端只有接收器,信息数据只能单方向传送,即只能由 A 端传送到 B 端而不能反传。

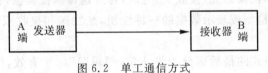

图 6.2 单工通信方式

(2)半双工方式。数据可实现双向传送,但不能同时进行,实际的应用采用某种协议实现收/发开关转换。如图 6.3 所示,数据可双向传送但不能同时传送,即 A 端发送 B 端接收或 B 端发送 A 端接收,A,B 两端的发送/接收只能通过半双工通信协议切换交替工作。

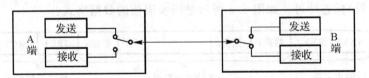

图 6.3 半双工通信方式

(3)全双工方式。允许双方同时进行数据双向传送,但一般全双工传输方式的线路和设备比较复杂。在全双工方式下,通信线路 A,B 两端都有发送器和接收器,A,B 之间有两个独立通信的回路,两端数据可以同时发送和接收。因此通信效率比前两种要高。该方式下所需的传输线至少要有 3 条,一条用于发送,一条用于接收,一条用于公用信号地,如图 6.4 所示。

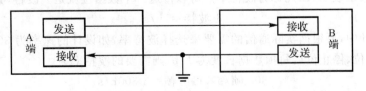

图 6.4 全双工通信方式

3.串行数据通信的两种形式

串行通信又分为两种基本通信方式,即异步通信和同步通信。

(1)异步通信。在这种通信方式中,接收器和发送器有各自的时钟,它们的工作是非同步的。在异步通信方式中,数据是一帧一帧传送的。一帧数据传送完毕后可以接着传送下一帧数据,也可以等待,等待期间为高电平。用一帧来表示一个字符,其格式如下:一个起始位"0"(低电平),紧接着是 8 个数据位,规定低位在前,高位在后。接下来是奇偶校验位(可以省略),最后是停止位"1"(高电平)。如图 6.5 所示。

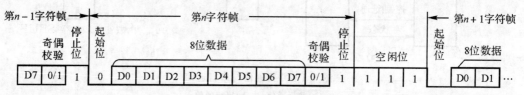

图 6.5　串行通信字符帧格式

1)起始位:在没有数据传送时,通信线上处于逻辑"1"状态。

2)数据位:在起始位之后,发送端发出(接收端接收)的是数据位,数据的位数没有严格限制,如 5 位、6 位、7 位或 8 位等。由低位到高位逐位传送。

3)奇偶校验位:数据位发送完(接收完)之后,可发送奇偶校验位,它只占帧格式的一位,用于传送数据的有限差错检测或表示数据的一种性质,是发送和接收双方预先约定好的一种检验(检错)方式。

4)停止位:字符帧格式的最后部分为停止位,逻辑"1"电平有效,位数可以是 1 位、1/2 位或 2 位。表示一个字符帧信息的结束,也为发送下一个字符帧信息做好准备。

(2)同步通信。同步通信格式中,发送器和接收器由同一个时钟源控制。为了克服在异步通信中每传输一帧字符都必须加上起始位和停止位,占用了传输时间,在要求传送数据量较大的场合,速度就慢得多。同步传输方式去掉了这些起始位和停止位,只在传输数据块时先送出一个同步头(字符)标志即可。如图 6.6 所示是同步通信的数据格式。

图 6.6　同步通信数据格式

4.波特率

在异步通信中,除了要规定好传输数据的帧格式以外,还要规定好通信的波特率。

波特率是指异步通信中数据传递的速率,是衡量数据传送速率的指标。传送速率用每秒传送数据的位数来表示,因此称为波特率。每秒传送一个数据位就是一波特,其换算关系为

$$1 \text{ 波特} = 1 \text{b/s}$$

在系统设计中,要根据实际通信的需要来选择波特率,如设计的速率为 300 帧/s,加上起始位、奇偶校验位、停止位后每帧数据长度为 11b,则需要的波特率为

$$300 \text{ 帧/s} \times 11 \text{b/帧} = 3\ 300 \text{b/s}$$

异步通信中要求发送方和接收方必须以相同的波特率发送和接收数据。在 AT89S51 单

片机中,可以通过调整异步串行通信接口的时钟来选择合适的通信波特率。

6.2.2 串行接口控制寄存器及传送原理

1. AT89C51 单片机的串行接口

MCS-51 单片机内部有 1 个功能很强的全双工串行口,可同时发送和接收数据。它有 4 种工作方式,可供不同场合使用。波特率由软件设置,通过片内的定时/计数器产生。接收、发送均可工作在查询方式或中断方式,使用十分灵活。MCS-51 的串行口除了用于数据通信外,还可以非常方便地构成 1 个或多个并行输入/输出口,或作串并转换,用来驱动键盘与显示器。其内部结构如图 6.7 所示。AT89C51 单片机串行口主要由 2 个数据缓冲器 SBUF、1 个输入移位寄存器、1 个串行控制寄存器 SCON 和一个波特率发生器 T1 等组成。

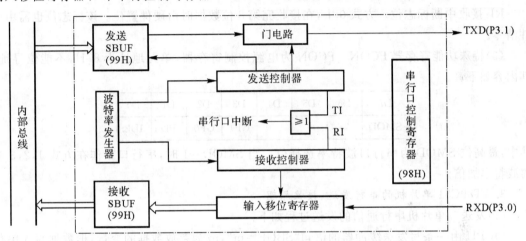

图 6.7 AT89C51 单片机串行口内部结构框图

2. 串行接口的特殊功能寄存器

(1)串行口数据缓冲器 SBUF。串行口中有 2 个缓冲寄存器 SBUF,1 个是发送寄存器,1 个是接收寄存器,在物理结构上是完全独立的。两个缓冲器只用 1 个字节地址 99H,可通过指令对 SBUF 的读/写来区别是对接收缓冲器的操作还是对发送缓冲器的操作。CPU 写 SBUF,就是修改发送缓冲器;读 SBUF,就是读接收缓冲器。串行口对外有两条独立的收发信号线 RXD(P3.0)和 TXD(P3.1),因此可以同时发送、接收数据,实现全双工传送。

(2)串行口控制寄存器 SCON。SCON 寄存器用来控制串行口的工作方式和状态,它可以是位寻址。在复位时所有位被清 0,字地址为 98H。SCON 的格式为:

D7	D6	D5	D4	D3	D2	D1	D0
SM0	SM1	SM2	REN	TB8	RB8	TI	RI

其中:

SM0,SM1:串行口工作方式选择位,SM0 SM1="00"时,串行口工作在方式 0;SM0 SM1="01"时,为方式 1;SM0 SM1="10"为方式 2;SM0 SM1="11"为方式 3。

SM2:多机通信控制位。主要用于工作方式 2 和方式 3。在方式 2 和方式 3 中,如 SM2=1,则接收到的第 9 位数据(RB8)为 0 时不启动接收中断标志 RI(即 RI=0),并且将接收到的前8位数据丢弃；RB8为1时，才将接收到的前8位数据送入SBUF，并置位RI产生中断请求。当SM2＝0时，则不论第9位数据为0或1，都将前8位数据装入SBUF中，并产生中断请求。在方式0时，SM2必须为0。

REN：允许串行接收控制位。若REN＝0，则禁止接收；若REN＝1，则允许接收。该位由软件置位或复位。

TB8：发送数据位。在方式2和方式3时，TB8为所要发送的第9位数据。在多机通信中，以TB8位的状态表示主机发送的是地址还是数据：TB8＝0为数据，TB8＝1为地址；也可用作数据的奇偶校验位。该位由软件置位或复位。

RB8：接收数据位。

TI：接收中断标志位。该标志位需由软件清零。

RI：接收中断标志位。方式0中，在接收完第8位数据时由硬件置位。该标志位也需由软件清零。

(3)特殊功能寄存器PCON。PCON为电源控制寄存器，单元地址为87H，不能位寻址。其内容如下：

D7	D6	D5	D4	D3	D2	D1	D0
SMOD				GF1	GF0	PD	IDL

其中，最高位SMOD为串行口波特率选择位。当SMOD＝1时，串行口工作在方式1,2,3时的波特率加倍。

3. AT89C51单片机的串行发送、接收原理

(1)发送。单片机串行通信的发送过程如下：

1)CPU由一条写发送缓冲器的语句"SBUF＝m"，m为存放数据的变量，把数据写入串行口的发送缓冲器SBUF中。

2)数据(data)从TXD端一位一位地向外发送。

3)发送完毕，自动把TI(发送结束中断标志)置1，用来供用户查询。同时向CPU请求中断，请求CPU继续发送下一个数据。

4)在再次发送数据之前，必须用软件将TI清零。

(2)接收。单片机串行通信的接收过程如下：

1)在满足REN(接收允许)＝1和RI(接收结束中断标志)＝0的条件下，接收端RXD一位一位地接收数据。

2)直到一个完整的字符数据送到SBUF后，自动把RI置1，用来供用户查询。同时向CPU请求中断，请求CPU到SBUF读取接收的数据。

3)用一条语句把接收缓冲器SBUF的内容读出"m＝SBUF"，m为存放数据的变量。

4)在下次接收数据之前，必须用软件将RI清零。

6.2.3 AT89C51单片机串行口的工作方式及波特率设定

1. 串行通信的工作方式

串行口有4种工作方式，它是由SCON中的SM0,SM1来定义的，见表6.1。

表 6.1 串行口的 4 种工作方式

SM0	SM1	工作方式	功　能	波特率
0	0	方式 0	同步移位寄存器	晶振频率(f_{OSC})/12
0	1	方式 1	10 位异步收发功能	与 T1 溢出率有关
1	0	方式 2	11 位异步收发功能	$f_{OSC}/64$ 或 $f_{OSC}/32$
1	1	方式 3	11 位异步收发功能	与 T1 溢出率有关

(1)工作方式 0。在方式 0 下,串行口是作为同步移位寄存器使用的。其波特率固定为单片机振荡频率(f_{OSC})的 1/12,串行传送数据 8 位为一帧(没有起始、停止、奇偶校验位)。由 RXD(P3.0)端输出或输入,低位在前,高位在后。TXD(P3.1)端输出同步移位脉冲,可以作为外部扩展的移位寄存器的移位时钟,因而串行口方式 0 常用于扩展外部并行 I/O 口。串行发送时,在 TI=0 的条件下,由一条以 SBUF 为目的地址的指令启动发送,外部可扩展一片(或几片)串入并出的移位寄存器,用来扩展一个并行口。串行接收时,外部可扩展一片(或几片)并入串出的移位寄存器。

(2)工作方式 1。在方式 1 下,串行口工作在 10 位异步通信方式,发送或接收一帧信息中,除 8 位数据移位外,还包含一个起始位(0)和一个停止位(1),其波特率是可变的,其帧格式如图 6.8 所示。

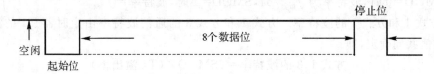

空闲　起始位　8个数据位　停止位

图 6.8　方式 1 数据帧格式

1)方式 1 输出。方式 1 的发送是在中断标志 TI 为 0 时,由一条写发送缓冲器指令开始的。启动发送后,由串口在 8 位数据前自动插入一个起始"0",然后逐个发送出去,8 位发送完后,最后发送停止位"1"。当 8 位数据发送完后,即开始发送停止位,置位 TI,向 CPU 发中断申请,通知 CPU 本次数据发送完毕。

2)方式 1 输入。方式 1 接收是在 SCON 寄存器中的 REN=1(允许接收同时 RI=0(接收缓冲器空))时启动,从检测起始位开始,在无信号时 RXD 端为"1",当检测到由"1"到"0"的变化时,即收到一个数据的起始位,则开始接收数据。当开始接收停止位时,置位 RI 向 CPU 申请中断,通知 CPU 可以从接收缓冲器 SBUF 取数据了。

(3)工作方式 2,3。在方式 2,3 下,串行口工作在 11 位异步通信方式。一帧信息包含 1 个起始位"0",8 个数据位,一个可编程第九数据位和一个停止位"1"。其中可编程位是 SCON 中的 TB8 位,在 8 个数据位之后,可作奇偶校验位或地址/数据帧的标志位使用,由使用者确定,其帧格式如图 6.9 所示。方式 2,3 的波特率是固定的,参阅表 6.1。

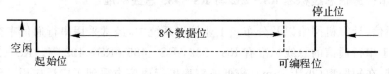

空闲　起始位　8个数据位　可编程位　停止位

图 6.9　方式 2,3 的数据帧格式

1)方式 2,3 输出。附加的第 9 位数据为发送方的 SCON 中 TB8。单片机在执行"MO-VA,@Ri"或"MOVA,SBUF"之后将影响标志寄存器 PSW 中的奇偶校验标志 P 的状态:当累加器 A 中 1 的个数为奇数时,P 置 1;当累加器 A 中 1 的个数为偶数时,P 置 0。据此对数据进行奇偶校验。

当此位作为奇偶校验时,由发送方在发送时对数据进行奇偶校验,并将发送方的 SCON 中的 TB8 设置为相应的"1"(奇)或"0"(偶)。

2)方式 2,3 的输入。接收时,接收设备将此位取入其 SCON 中 RB8,接收方接收到数据后再对数据进行一次奇偶校验,若校验的结果与收到的 RB8 一致,即 RB8＝1 时,校验结果为奇;RB8＝0 时,校验结果为偶,则接收正确,否则接收出错。

2. 波特率的设定

在串行通信中,收发双方对发送或接收的数据速率要有一定的约定。在应用中通过对单片机串行口编程可约定 4 种工作方式。其中方式 0 和方式 2 的波特率是固定的,而方式 1 和方式 3 的波特率是可变的,由定时器 T1 的溢出率确定。

(1)方式 0 的波特率。方式 0 时,其波特率固定为振荡频率的 1/12,并且不受 PCON 中 SMOD 位的影响。因而,方式 0 的波特率＝$f_{OSC}/12$。

(2)方式 2 的波特率。方式 2 的波特率由系统的振荡频率 f_{OSC} 和 PCON 的最高位 SMOD 确定,即为 2SMOD×$f_{OSC}/64$。

当 SMOD＝0 时,波特率为 $f_{OSC}/64$,SMOD＝1 时,波特率＝$f_{OSC}/32$。

(3)方式 1 和方式 3 的波特率。方式 1 和方式 3 的通信波特率由定时器 T1 的溢出率和 SMOD 的值共同确定,即

$$\text{方式 1,3 的波特率} = 2SMOD \times (T1\ 溢出率)$$

当 SMOD＝0 时,波特率为 T1 溢出率/32,SMOD＝1 时,波特率为 T1 溢出率/16。其中,T1 的溢出率取决于 T1 的计数速率(计数速率＝$f_{OSC}/12$)和 T1 的设定值。若定时器 T1 采用模式 1,波特率公式为

$$\text{方式 1,3 波特率} = (2SMOD/32) \times (f_{OSC}/12)/(2^{16} - 初始值)$$

定时器 T1 作波特率发生器使用时,通常采用定时器模式 2(自动重装初值的 8 位定时器)比较实用。设置 T1 为定时方式,让 T1 对系统振荡脉冲进行计数,计数速率为 $f_{OSC}/12$。应注意禁止 T1 中断,以免溢出而产生不必要的中断。设 T1 的初值为 X,则每过($2^8 - X$)个机器周期,T1 就会产生一次溢出,即

$$T1\ 溢出率 = (f_{OSC}/12)/(2^8 - X)$$

从而可以确定串行通信方式 1,3 波特率为

$$\text{方式 1,3 波特率} = (2SMOD/32)f_{OSC}/[12(256 - X)]$$

因而可以得出 T1 模式 2 的初始值 X,有

$$X = 256 - (SMOD + 1)f_{OSC}/(384 \times 波特率)$$

6.2.4　串行通信总线标准 RS－232 与 RS－485 总线标准

在数据通信、计算机网络以及分布式工业控制系统中,经常采用串行通信来交换数据和信息。目前,用于串行通信的总线标准有 RS－232,RS－485,RS－422 等。RS－232 是最早的串行接口标准,在短距离(小于 15m)、较低波特率串行通信中得到了广泛应用。针对 RS－232

接口标准的通信距离短、波特率比较低的状况，在 RS-232 接口标准的基础上又提出了 RS-485 接口标准来克服这些缺陷。下面分别介绍 RS-232 和 RS-485 接口标准。

1. RS-232-C

RS-232-C 是美国电子工业协会 EIA(Electronic Industry Association)制定的一种串行物理接口标准。RS 是"Recommended Standard"的缩写，232 为标识号，C 表示修改次数。RS-232-C 总线标准设有 25 条信号线，包括一个主通道和一个辅助通道。

在多数情况下主要使用主通道，对于一般双工通信，仅需几条信号线就可实现，如一条发送线、一条接收线及一条地线。

完整的 RS-232-C 接口采用标准的 25 芯插头/座，但常用的 RS-232 串行接口有 25 针(DB25)和 9 针(DB9)两种。25 芯和 9 芯的主要信号线相同，各引脚功能见表 6.2。

表 6.2 DB9 和 DB25 的常用信号线说明

9 针串口(DB9)			25 针串口(DB25)		
针号	功能	缩写	针号	功能	缩写
1	数据载波检测	DCD	8	数据载波检测	DCD
2	接收数据	RXD	3	接收数据	RXD
3	发送数据	TXD	2	发送数据	TXD
4	数据终端准备就绪	DTR	20	数据终端准备就绪	DTR
5	信号地	GND	7	信号地	GND
6	数据设备准备就绪	DSR	6	数据设备准备就绪	DSR
7	请求发送	RTS	4	请求发送	RTS
8	允许发送	CTS	5	允许发送	CTS
9	振铃指示	DELL	22	振铃指示	DELL

通信距离较近时(小于 15m)，可以用电缆线直接连接标准 RS-232 端口；若距离较远，则需采用调制解调器(MODEM)。最为简单且常用的是三线制接法，如图 6.10 所示，即地、接收数据和发送数据三脚相连。串口传输数据只要有接收数据针脚和发送针脚就能实现。

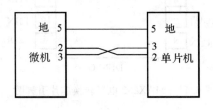

图 6.10 最简单的 RS232-C 信号线接法

实际应用中，经常需要串口之间进行相互连接，常用串口间的互连关系见表 6.3。

表 6.3 常用串口连接方法

9 针–9 针		25 针–25 针		9 针–25 针	
2	3	3	2	2	2
3	2	2	3	3	3
4	6	4	5	4	6
5	5	5	4	5	7
6	4	6	20	6	20
7	8	7	7	7	5
8	7	20	6	8	4

RS-232 是早期为公用电话网络数据通信制定的标准,其逻辑电平对地是对称的,这与 TTL/CMOS 电平完全不同。逻辑 0 规定为 +5～+15V 之间,逻辑 1 规定为 −5～−15V 之间。

由于 RS-232 发送器和接收器之间有公共信号地,不能使用双端信号,传输采用非平衡模式,因此,共模噪声会耦合到信号系统中,这正是 RS-232 使用较高传输电压的主要原因。其标准建议的最大通信距离为 15m。

因 RS-232 电平与 TTL 电平不同,单片机与 RS-232 之间的通信需要进行电平转换。常用 MAX232 芯片进行电平转换。MAX232 是 MAXIM 公司生产的,包含两路驱动器和接收器的 RS-232 转换芯片。图 6.11 为其引脚图。芯片内部有一个电压转换器,可以把输入的 +5V 电压转换为 RS-232 接口所需的 ±10V 电压,使得系统不需要另外加 ±12V 电源。

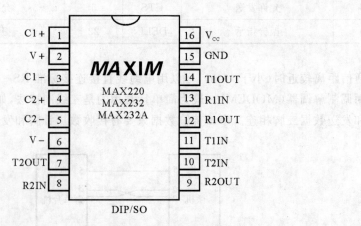

图 6.11 MAX232 电平转换芯片引脚图

MAX232 的芯片内部电路结构如图 6.12 所示,图中电容 C_1,C_2,C_3,C_4 是为了升压及产生负电源的需要而接到芯片上的。电容数值与芯片的型号有关,一般从 $0.1\mu F$ 到 $10\mu F$。在实际应用中,器件对电源噪声很敏感。因此,V_{cc} 必须要对地加去耦电容 C_5,其值为 $0.1\mu F$。电容 C_1,C_2,C_3,C_4 取同样的钽电解电容 $1.0\mu F/16V$,用以提高抗干扰能力,在连接时必须尽量靠近器件。

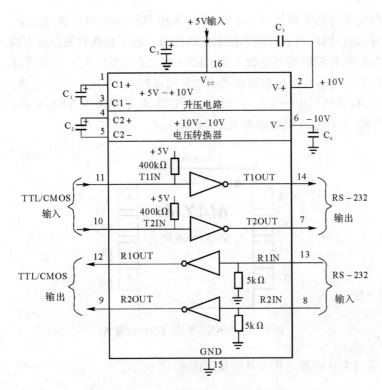

图 6.12 MAX232 电平转换芯片内部结构图

图 6.13 所示是应用 MAX232 电平转换芯片实现单片机串行口电平转换的具体电路。在设计程序时,可直接进行数据的接收和发送,不需要对信号线的状态进行判断或设置(如果应用的场合需要使用握手信号等,需要对相应的信号线的状态进行监测或设置)。

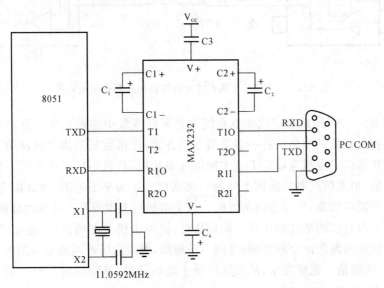

图 6.13 MAX232 电平转换芯片与 AT89C51 单片机的连接

2. RS-485 接口

在要求通信距离为几十米到上千米时,广泛采用 RS-485 串行总线标准。RS-485 采用平衡发送和差分接收,因此具有抑制共模干扰的能力。加上总线收发器具有高灵敏度,能检测低至 200mV 的电压,传输距离可达数千米。RS-485 采用半双工工作方式,任何时候只能有一点处于发送状态,因此,发送电路须由使能信号加以控制。RS-485 用于多点互连时非常方便,可以省掉许多信号线。RS-485 与单片机的 TTL 电平采用 MAX48X 系列芯片进行转换和驱动。MAX48X 系列芯片引脚如图 6.14 所示。

图 6.14　MAX48X 系列芯片引脚图

MAX48X 系列芯片内部结构及其连接如图 6.15 所示。

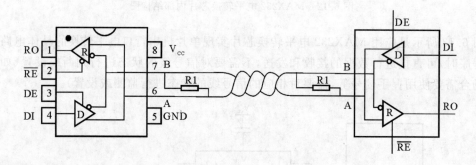

图 6.15　MAX48X 系列芯片内部结构及其连接示意图

通常采用 RS-485 构成分布式多点数据采集系统或集中控制系统。分布式多点数据采集系统或集中控制系统的网络拓扑一般采用总线方式,传送数据采用主从站的方法。采用主从方式进行多机通信。主机可以是 PC、工控机或单片机,从机一般是单片机。每个从机拥有自己固定的地址,由主机控制完成网上的每一次通信。R 为平衡电阻,通常取为 120Ω。开始时所有从机处于监听状态,等待主机的呼叫。当主机向网上发出某一从机的地址时,所有从机接收到该地址并与自己的地址相比较。如果相符,说明主机在呼叫自己,应发回应答信号,表示准备好开始接收后面的命令和数据;否则不予理睬,继续监听呼叫地址。主机收到从机的应答后,则开始一次通信。通信完毕,从机继续处于监听状态,等待呼叫。RS-485 总线支持多点互连如图 6.16 所示。

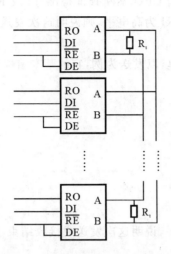

图 6.16　RS-485 总线网络原理图

单片机和 RS-485 接口的连接如图 6.17 所示。由于使用半双工方式,RS-485 接口芯片采用的是 MAX-483 集成电路。这是具有瞬变高压抑制功能的芯片,能抗雷击、静电放电,避免因交流电故障引起的非正常高压脉冲冲击。A,B 为 RS-485 总线接口,DI 是发送端,RO 为接收端,分别与单片机串行口的 TXD,RXD 连接,$\overline{RE}$,DE 为收发使能端,由单片机的 P1.0 口作为收发控制。

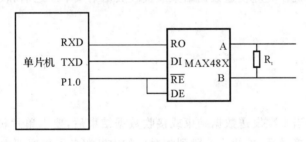

图 6.17　单片机和 RS-485 接口的连接

6.2.5　串行通信程序的编写

1. 串行通信程序的编写

(1)串行通信初始化。在用到串行通信之前,要先用指令来设置相关寄存器的初始值,对其进行初始化,产生波特率的定时器 1、串行口控制和中断控制。具体步骤如下:

1)确定 T1 的工作方式(编程 TMOD 寄存器)。

2)计算 T1 的初值,装载 TH1,TL1。

3)启动 T1(编程 TCON 中的 TR1 位)。

4)确定串行口控制(编程 SCON 寄存器)。

5)串行口在中断方式工作时,要进行中断设置(编程 IE,IP 寄存器)。

(2)程序结构。在串行通信过程中,单片机有两种工作方式,即查询方式、中断方式。这两种方式的程序结构也不相同。

1)查询方式。查询方式是指 CPU 不断查询检测 TI 或 RI 的值。若 TI 或 RI 为低电平，说明正在发送或接收；若 TI 或 RI 为高电平，则说明这次发送或接收结束。接下来 CPU 就可以做其他相关的操作。

查询方式的程序结构较简单，以发送为例，它的基本结构为：

```
void main()
{
…
while(TI==0);
TI=0;
…
}
```

若检测到 TI 或 RI 为高电平，说明这次发送或接收结束了，要用软件把 TI 或 RI 清 0，为下次发送或接收做好准备。

2)中断方式。中断方式是指当一次发送数据结束或接收数据结束时，系统自动置位 TI 或 RI，且向 CPU 发出中断请求，告诉 CPU 这次发送或接收结束，让 CPU 接下来做其他相关的操作。

串行通信使用的中断方式是单片机的内部中断，所以它的程序结构应包括主程序、中断服务程序两个程序。

主程序是指单片机在响应发送数据结束或接收数据结束中断之前和之后所做的事情。它的结构为：

```
void main()
{
…
}
```

中断服务程序是当 1 次发送数据结束或接收数据结束后，要求单片机响应中断所做的事情。当中断发生并被接受后，单片机就跳到相对应的中断服务子程序即中断服务函数执行，以处理中断请求。中断服务子程序的编写格式如下：

```
void 中断服务程序的名称 interrupt 4
{
中断服务子程序的主体
}
```

此处是单片机的串行通信发送数据结束或接收数据结束中断，所以中断编号是 4。

2.编程举例

单片机的串行口主要用于与通用计算机的通信、单片机之间的通信和主从结构分布系统间的通信，一般使用缓冲区。

例 6.1 单片机 $f_{osc}=11.0592\text{MHz}$，波特率为 9 600b/s，各设置 32 字节的队列缓冲区于发送/接收，设计单片机和终端的通信程序。

单片机串行口初始化成 9 600 波特，中断程序双向处理字符，程序双向缓冲字符。背景程序可"放入"和"提取"在缓冲区的字符串，而实际传入和传出 SBUF 的动作由中断完成。

loadmsg 函数加载缓冲数组,标志发送开始。缓冲区分发(t)和收(r)缓冲,缓冲区通过两种提示(进(in)和出(out))和一些标志(若 full 空(empty),完成(done))管理。队列缓冲区 32 字节接收缓冲(r_buf)区满,不能再有字符插入。当 t_in＝t_out,发送缓冲区(t_buf)空,发送中断清除,停止 UART 请求,程序如下:

```
＃define uchar＜reg51.h＞
＃define uchar unsigned char
uchar xdata r_buf[32];              //item1
uchar xdata t_buf[32];
uchar r_empty,t_done;              //队列指针
bit r_in,r_out,t_in,t_done;         //item2
code uchar m[]＝{'this is a test program\r\n'};
serial()interrupt4 using 1          //item3
{
if(RI&&～r_full)
{r_buf[r_in]=SBUF;
RI=0
r_in=r_out,r_full=1;
}
else if(TI&&～t_empty)
    {SBUF=[t_out];
TI=0;
t_out=++[t_out];
if(t_out==t_in)t_empty=1;
}
else if(TI)
{TI=0;
t_done=1;
}
}
void loadmsg(uchar code * msg)   //item4
{while ((* msg!＝0)&&(((((t_in+1)^t_out)&0x1f)!＝0)   //测试缓冲区满
{t_buf[t_in]=* msg;
msg++;
t_in=++t_in&0x1f;
if (t_done)
{TI=1;
t_empty=t_done=0;         //完成重新开始
}
}
```

```
}
void process(uchar ch){return;}      //item5
//用户定义
void processmsg(void)                //item6
{while((r_out+1)^r_in)! =0          //接收非缓冲区
{process(r_buf[r_out]);
r_out=++r_out&0x1f;
}
}
main()                               //item7
{
TMOD=0x20;//定时器1方式
TH1=0x40;//启动定时器
SCON=0x50;//允许接收
IE=0x50;                  //开放串口中断
t_empty=t_done=1;
r_full=0;
r_out=t_in=0;
R_in=1;
for(;;)
{loadmsg(&m);
processmsg();
}
}
```

item1:背景程序"放入"和"提取"字符队列缓冲区；

item2:缓冲区状态标志；

item3:串口中断服务程序,从 RI,TI 判断接收或发送中断,由软件清除。判断缓冲区状态(满(full),空(empty))和全部发送完成(done)。

item4:此函数把字符串传入发送缓冲区,准备发送；

item5:接收字符的处理程序,实际应用自定义；

item6:此函数逐一处理接收缓冲区的字符；

item7:主程序,进行串行口初始化,载入字符串,处理接收的字符串。

6.3 项目实现

6.3.1 硬件设计

选用 AT89C51 单片机,晶振频率为 12MHz,两台通信主机通过串口通信,可以通过对方的按键控制对方主机的数码管显示相应 8421 码。其电路如图 6.18 所示。

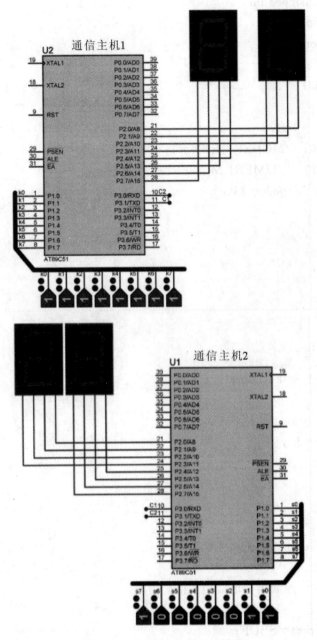

图 6.18　单片机双机通信电路图

6.3.2　软件编程

//两个单片机通信，使用中断法。

#include ＜reg51.h＞
#define uchar unsigned char

```
#define uint unsigned int
#define key_port P1
#define dis_port P2

void main (void)
{
  uchar key_in=0xff；
  SCON=0x50；//MODER1,REN=1；
  TMOD=0x20；//TIMER1 MODER2；
  TH1=0xf3；  //bode=2400
  TL1=0xf3；
  ET1=1；
  TR1=1；

  EA=1；
  ES=1；
  while(1)
  {
    if (key_in ！ = key_port)
    {
      key_in=key_port；
      SBUF=key_in；
    }
  }
}


void get_disp (void) interrupt 4 using 0
{
if (RI)              //如果是串口输入引起中断
    {
      dis_port=SBUF；
      RI=0；
    }
  else TI=0；        //否则就是串口输出引起的中断
}
```

6.3.3 仿真调试

利用 Keil C51 与 Proteus 软件进行联调,仿真结果如图 6.19 所示。

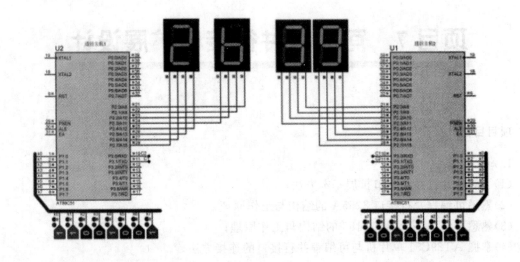

图 6.19　单片机双机通信仿真结果

习题

1. 串行数据传送与并行数据传送相比的主要优点和用途是什么？

2. 简述串行口 4 种工作方式的接收和发送数据的过程。

3. 异步通信和同步通信的主要区别是什么？

4. 简述 SCON 寄存器的作用。

5. 简述单片机串口 4 种工作方式的特点和功能。

6. 简述异步通信的数据帧格式。

7. 按数据传送的方向，串行通信可分为哪几种通信方式，各有什么特点？

8. 若晶体振荡器频率为 11.059 2MHz，串行口工作于方式 1，波特率为 4 800b/s，写出用 T1 作为波特率发生器的方式控制字和计数初值。

9. 简述利用串行口进行多机通信的原理。

10. 使用 AT89C51 的串行口按工作方式 1 进行串行数据通信，假定波特率为 2 400b/s，以中断方式传送数据，请编写全双工通信程序。

11. 使用 AT89C51 的串行口按工作方式 3 进行串行数据通信，假定波特率为 1 200b/s，第 9 数据位作奇偶校验位，以中断方式传送数据，请编写通讯程序。

12. 设计一个单片机的双机通信系统，编写通信程序，将甲机内部 RAM 30H～3FH 单元中的数据块通过串行口传送到乙机内部 RAM 40H～4FH 单元中。

项目 7　可编程并行接口扩展设计

项目目标

1. *知识目标*

(1)了解单片机并行接口扩展基本方法；

(2)熟悉可编程并行接口 8255A 的结构与工作原理；

(3)熟悉可编程并行接口 8155 的结构与工作原理；

(4)掌握 AT89C51 单片机与可编程并行接口的连接方法。

2. *技能目标*

(1)能够设计制作 8255A 并行接口扩展电路；

(2)能够使用单片机 AT89C51 编写 8255A 并行接口扩展电路程序；

(3)能使用 Keil 和 Proteus 软件对单片机并行接口扩展电路软硬件进行联调、仿真。

7.1　项　目　描　述

选用 AT89C51 单片机,晶振频率为 12MHz, AT89C51 与 8255A 进行连接,进行并口扩展,由 8 口扩展到 24 口,从而实现对 24 个 LED 灯的控制。

7.2　相关知识讲解

在 AT89C51 单片机扩展方式的应用系统中,P0 口和 P2 口用来作为外部 ROM,RAM 和扩展 I/O 接口的地址线,而不能作为 I/O 口;只有 P1 口及 P3 口的某些位线可直接用做 I/O 线。因此,单片机提供给用户的 I/O 接口线并不多,对于复杂一些的应用系统都需要进行 I/O 口的扩展。

7.2.1　并行 I/O 接口芯片 8255A

8255A 是一种可编程的并行 I/O 接口芯片,它有 40 个引脚,其中有 24 个 I/O 引脚,这 24 个 I/O 引脚分为 A,B 两大组(每组 12 个引脚),允许分组编程。

1. *8255A 的主要特性*

(1)并行输入或输出多位数据。8255A 具有 A,B,C 3 个 8 位并行输入/输出端口,它们为 CPU 和外设之间提供了多个 8 位并行数据通道,并且端口 C 还具有按位置位/复位功能,为按位控制提供了强有力的支持。

(2)8255A 具有 3 种工作方式:方式 0——基本输入/输出方式;方式 1——选通输入/输出方式;方式 2——双向选通输入/输出方式。

（3）8255A 端口 C 常分成两个 4 位端口来使用。以方式 0 工作时，它们用作数据端口；以方式 1 和方式 2 工作时，它们的部分口线被分配作专用通信联络线。端口 C 在用作控制端口时，CPU 可用置位/复位指令输出控制信号。端口 C 在用作状态端口时，可供 CPU 读取 8255A 状态。

（4）提供多个通信接口联络控制信号（如中断请求、外设忙、外设准备好等），通过读取状态字可以实现对外设的查询。

（5）8255A 能适应 CPU 与 I/O 设备之间的多种数据传送方式的要求，如无条件方式传送、有条件方式传送（查询）和中断方式传送等。

2. 8255A 的引脚说明

8255A 是一个采用 NMOS 工艺制造的、40 引脚双列直插封装芯片，其引脚分布如图 7.1 所示。这些引脚可以分为 3 组：一组是与 CPU 的接口信号线，一组是与 I/O 设备的接口信号线，一组是电源线。

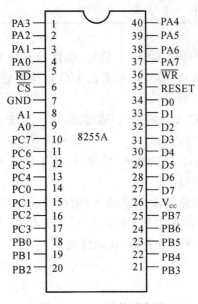

图 7.1　8255A 的引脚图

（1）与 CPU 的接口信号线。

D7～D0：三态双向数据总线，可直接与 CPU 数据总线相接，用于在 CPU 与 I/O 设备之间传送数据、控制及状态信息。

$\overline{CS}$：片选信号线，用于传送片选信号 $\overline{CS}$，该信号低电平有效。当该信号线有效时，表示本芯片被选中，允许 8255A 与 CPU 进行通信。

$\overline{WR}$：写入信号线，用于传送写信号 $\overline{WR}$，该信号低电平有效。在 $\overline{CS}$ 有效且 $\overline{WR}$ 为低电平时，则将数据线上的信息写入 8255A 被选中的端口寄存器。

$\overline{RD}$：读出信号线，用于传送读信号 $\overline{RD}$，该信号低电平有效。在 $\overline{CS}$ 有效且 $\overline{RD}$ 为低电平时，则将 8255A 被选中的端口寄存器的数据从 D7～D0 送至数据线。

A1 和 A0：端口选择线，用于传送端口选择信号 A1 和 A0，通常与地址总线的最低二位相接。A1 和 A0 与 $\overline{CS}$，$\overline{RD}$，$\overline{WR}$ 信号组合用来选择端口实现指定的操作，见表 7.1。

表 7.1　8255A 的控制信号与端口操作

$\overline{CS}$	A1	A0	$\overline{WR}$	$\overline{RD}$	端口	操作	
0	0	0	1	0	A 口	读 PA 口	
0	0	1	1	0	B 口	读 PB 口	输入
0	1	0	1	0	C 口	读 PC 口	
0	0	0	0	1	A 口	写 PA 口	
0	0	1	0	1	B 口	写 PB 口	输出
0	1	0	0	1	C 口	写 PC 口	
0	1	1	0	1	控制口	写控制寄存器	
1	×	×	×	×		芯片未选中	
0	1	1	1	0	控制口	非法操作	
0	×	×	1	1	×	非法操作	

RESET:复位信号线,用于传送 RESET 信号,该信号高电平有效。当该信号有效时,所有内部寄存器(包括控制寄存器)均被清 0,所有的 I/O 口均被置成输入方式。

(2)与 I/O 设备的接口信号线。

PA7～PA0:双向 I/O 总线,A 口的输入/输出线,用于传送 I/O 数据,由方式控制字设定 CPU 与 I/O 设备的数据传送方向。

PB7～PB0:双向 I/O 总线,B 口的输入/输出线,用于传送 I/O 数据,由方式控制字设定 CPU 与 I/O 设备的数据传送方向。

PC7～PC0:双向数据/控制总线,C 口的输入/输出线,则用于传送 I/O 数据或控制/状态信息,由方式控制字设定,若 8255A 工作于模式 0,则用于 CPU 与 I/O 设备之间传送数据,若 8255A 工作于模式 1 或模式 2,则作为控制/状态线用。

(3)电源线。

V_{CC}:+5V 电源线。

GND:地线。

3.8255A 的内部结构

8255A 的内部结构框图如图 7.2 所示。它包含 3 个并行数据输入/输出端口(A,B,C),两组工作方式控制电路(A 组控制、B 组控制),一个读/写控制逻辑电路和一个 8 位数据总线缓冲器。

(1)3 个数据输入/输出端口 A,B,C。8255A 有 3 个 8 位 I/O 端口 A 口、B 口及 C 口,这 3 个端口都可通过编程选择为输入口或输出口。

A 口:它由一个 8 位数据输入缓冲/锁存器和一个 8 位数据输出缓冲/锁存器组成,可编程为 8 位输入、输出或双向寄存器。当 A 口作为输入或输出口时,数据均被锁存。

B 口:它由一个 8 位数据输入缓冲器(无输入数据锁存器)和一个 8 位数据输出缓冲/锁存器组成。当 B 口作输入端口时不对数据进行锁存;作输出端口时数据可被锁存,通常作为独立的数据 I/O 口使用。

C 口:它由一个 8 位数据输入缓冲器(无输入数据锁存器)和一个 8 位数据输出缓冲/锁存

器组成。可编程为两组 4 位输入或输出,并可以进行位控。当 C 口作输入端口时,对数据不锁存;作输出端口时,对数据进行锁存。C 口通常为控制器,高 4 位属于 A 口,传送 A 口上外设的控制/状态信息,低 4 位属于 B 口,传送 B 口上外设的控制/状态信息。

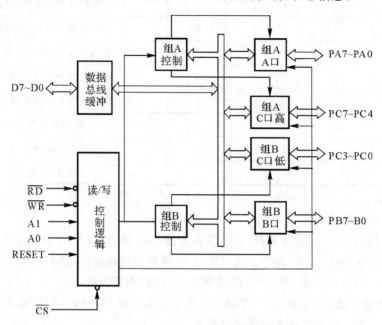

图 7.2　8255A 的内部结构图

(2)工作方式控制电路。8255A 内部有两个工作方式控制电路:A 组和 B 组控制电路,每组控制电路一方面接收来自读/写控制逻辑电路的读/写命令,另一方面接收芯片内部总线的控制字,据此向对应的口发出相应的命令,以决定对应口的工作方式和读/写操作。

例如:这两个控制电路共有一个控制命令寄存器,用来接收 CPU 发来的"控制字",根据"控制字"的内容决定两组端口的工作方式,A 组控制电路控制端口 A 和 C 的高四位 PC7～PC4,B 组控制电路控制 B 口和 C 口的低四位 PC3～PC0。A 组和 B 组控制寄存器还可以接收 CPU 送来的置位/复位控制字,以实现给 C 口的每一位清零或置"1"。

(3)数据总线缓冲器。数据总线缓冲器是一个双向三态 8 位缓冲器,作为 8255A 与系统总线的接口,以实现 CPU 和接口之间数据、控制及状态信息的传送。

(4)读/写控制逻辑电路。读/写控制逻辑电路接收来自 CPU 的地址和控制信号,并发出命令到两个控制组(A 组和 B 组控制),由它控制将 CPU 发出的控制命令字或输出的数据送到相应的端口及将外设的状态信息或输入的数据从相应的端口送到 CPU,即负责管理所有的内部和外部的数据传送过程。

各端口的工作状态与控制信号的关系见表 7.2。

表 7.2　8255A 端口工作状态选择表

A1	A0	$\overline{RD}$	$\overline{WR}$	$\overline{CS}$	工作状态
0	0	0	1	0	A 口数据→数据总线(读端口 A)
0	1	0	1	0	B 口数据→数据总线(读端口 B)

续 表

A1	A0	$\overline{RD}$	$\overline{WR}$	$\overline{CS}$	工作状态
1	0	0	1	0	C 口数据→数据总线（读端口 C）
0	0	1	0	0	总线数据→A 口（读端口 A）
0	1	1	0	0	总线数据→B 口（读端口 B）
1	0	1	0	0	数据总线→C 口（读端口 C）
1	1	1	0	0	总线数据→控制字寄存器（写寄存器）
×	×	×	×	1	数据总线为三态
1	1	0	1	0	非法状态
×	×	1	1	0	数据总线为三态

4.8255A 的控制字

8255A 的控制字有两种：方式控制字（又称为选择控制字）和 C 口单一置/复位的控制字。通过程序用户可以把这两个控制字送到 8255A 的控制字寄存器（A1A0＝11B），来设定 8255A 的工作模式和 C 口各位状态。这两个控制字以 D7 位状态作为标志。

（1）工作方式控制字。8255A 三个端口工作于什么方式以及输入还是输出方式是由方式控制字决定的。方式控制字格式如图 7.3 所示。

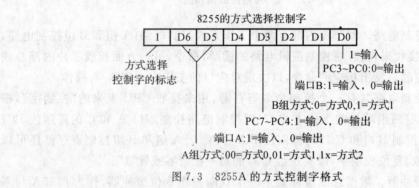

图 7.3 8255A 的方式控制字格式

8255A 有 3 种工作方式，即方式 0（基本 I/O 方式）、方式 1（选通 I/O 方式）及方式 2（双向方式）。

D7：控制字标志位。若 D7＝1，则本控制字为方式控制字；若 D7＝0，则本控制字为 C 口单一置/复位控制字。

D6～D3：A 组控制位。其中 D6 和 D5 为 A 组方式选择位：若 D6D5＝00，则 A 组设定为方式 0；若 D6D5＝01，则 A 组设定为方式 1；若 D6D5＝1X（X 为任意），则 A 组设定为方式 2。D4 为 A 口输入/输出控制位：若 D4＝0，则 PA7～PA0 用于输出数据；若 D4＝1，则 PA7～PA0 用于输入数据。D3 为 C 口高 4 位输入/输出控制位：若 D3＝0，则 PC7～PC4 为输出数据方式；若 D3＝1，则 PC7～PC4 为输入方式。

D2～D0：B 组控制位。作用和 D6～D3 类似。其中 D2 为方式选择位，若 D2＝0，则 B 组设定为方式 0，若 D2＝1，则 B 组设定为方式 1。D1 为 B 口输入/输出控制位，若 D1＝0，则

PB7～PB0 用于输出数据,若 D1＝1,则 PB7～PB0 用于输入数据。D0 为 C 口低 4 位输入/输出控制位,若 D0＝0,则 PC3～PC0 用于输出数据,若 D0＝1,则 PC3～PC0 用于输入数据。

(2)C 口单一置/复位的控制字。控制字可以使 C 口各位单独置位或复位,以实现某些控制功能,该控制字格式如图 7.4 所示。

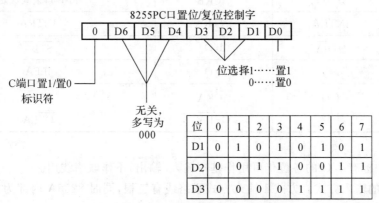

例如将PC6置0则为00001100B或0CH

图 7.4　8255A 的 C 口按位控制字格式

其中,D7＝0 是本控制字的特征位,D3～D1 用于控制 PC7～PC0 中哪一位置位和复位,D0 是置位和复位的控制位。

注意:控制字必须写入控制寄存器而不能写入 PC 口地址中。

5.8255A 的 3 种工作方式

8255A 的 3 种工作方式通过选用正确的方式控制字,并通过程序送给 8255A 的控制字寄存器,既可设定 8255A 的工作方式。

(1)方式 0(基本 I/O 方式)。在方式 0 下工作的主要特点是:将三个端口分成彼此独立的两个 8 位口(A 口和 B 口)及两个 4 位口(PC7～PC4 和 PC3～PC0),这四个并行口都可根据需要分别编程为输入或输出口,可有 16 种不同的组合,每个端口输入不锁存而输出锁存。

在方式 0 下,CPU 可对 8255A 进行 I/O 数据的无条件传送,外设的 I/O 数据可在 8255A 的各端口得到锁存和缓冲,也可以把其中的某几位指定为外设的状态输入位,CPU 对状态位查询便可实现 I/O 数据的异步传送。因此 8255A 的方式 0 属于基本输入/输出方式。

(2)方式 1(选通 I/O 方式)。方式 1 有选通输入和选通输出两种工作方式,A 口和 B 口皆可独立地设置成这种工作方式。在方式 1 下 8255A 的 A 口和 B 口通常用于传送与它们相连的外设的 I/O 数据,C 口用作 A 口和 B 口的应答联络线,以实现中断方式传送 I/O 数据。C 口的 PC7～PC0 联络线是在设计 8255A 时规定的,其各位分配见表 7.3。

表 7.3　8255A C 口联络信号分配

C 口各位	方式 1		方式 2
	输入方式	输出方式	双向(输入/输出)方式
PC0	INTRB	INTRB	由 B 口模式决定
PC1	IBFB	$\overline{OBFB}$	由 B 口模式决定

续 表

C 口各位	方式 1		方式 2
	输入方式	输出方式	双向(输入/输出)方式
PC2	STBB	$\overline{ACKB}$	由 B 口模式决定
PC3	INTRA	INTRA	INTRA
PC4	$\overline{STBA}$	I/O	$\overline{STBA}$
PC5	IBFA	I/O	IBFA
PC6	I/O	$\overline{ACKA}$	$\overline{ACKA}$
PC7	I/O	$\overline{OBFA}$	$\overline{OBFA}$

注意:表中标有 I/O 的各位仍可用作基本输入/输出,不作联络线用。

1)方式 1 的输入方式。方式 1 输入方式联络线有三根,同时 8255A 内部为控制中断设置了"中断允许"信号。

$\overline{STB}$(STroBe):外设送来的"输入选通"信号,低电平有效。当外设准备好数据时,向 8255A 发$\overline{STB}$信号,将外设送来的数据装入 8255A 的输入锁存器中。

IBF(Input Buffer Full):8255A 送往外设的"输入缓冲器满",高电平有效。当 IBF=1 时表示输入设备的数据已打入输入缓冲器内且没有被 CPU 取走,通知外设不能再送新的数据;只有当 IBF=0,输入缓冲器变空时,才允许外设再送新的数据。IBF 信号由$\overline{STB}$信号置位,在$\overline{RD}$的上升沿复位。

INTR(INTerrupt Request):8255A 送往 CPU 的中断请求信号,高电平有效。当输入缓冲器满(IBF 为高电平)且$\overline{STB}$信号变为"1"时,INTR 信号有效,向 CPU 申请中断,请求 CPU 取走数据。

INTE(INTerrupt Enable):8255A 内部为控制中断而设置的"中断允许"信号(无外部引出端),用来控制是否允许相应的端口中断。PA 口和 PB 口的中断允许信号分别为 PC4 和 PC2。INTE 可由软件将其置 1(允许相应的端口中断),或置 0(屏蔽相应端口中断)。

数据输入过程:

第一,输入设备输入一个数据并送到 PA7～PA0 或 PB7～PB0 时,输入设备自动在选通输入线$\overline{STBA}$或$\overline{STBB}$上发送一个低电平选通信号。

第二,8255A 收到选通信号端$\overline{STB}$上的负脉冲信号后,一是将数据打入 8255A 的输入数据缓冲器/锁存器;二是把它内部的输入缓冲器满触发器 Q_{IBFA} 置位,使输入缓冲器满输出线 IBF 变为高电平,以通知输入设备 8255A 的 A 口或 B 口已收到它送来的输入数据,同时通知输入设备暂停数据的输入。

第三,中断请求信号 INTR=INTE·IBF·$\overline{RD}$·STB,在允许中断的条件下,在$\overline{STB}$信号变高后,8255A 输出的 INTR 信号有效,向 CPU 申请中断。

第四,CPU 响应中断,执行相应的中断服务程序,从 8255A 的输入口中取走数据。在$\overline{RD}$的下降沿,8255A 输出的 INTR 信号变为低电平,撤消对 CPU 的中断请求。同时 8255A 的 IBF 信号变为低电平,通知输入设备可再一次输入数据。

8255A 方式 1 输入逻辑符号图如图 7.5 所示。

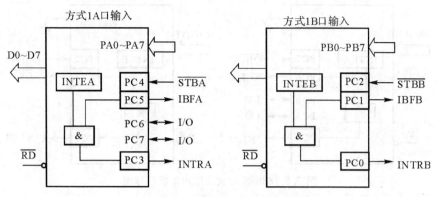

图 7.5　8255A 方式 1 输入逻辑符号图

2)方式 1 的输出方式。方式 1 输出方式联络线有以下 3 根,同时 8255A 内部为控制中断设置了"中断允许"信号。

$\overline{OBF}$(Output Buffer Full):输出线,"输出缓冲器满"信号线,当 CPU 把数据写入 8255A 的输出缓冲器后,$\overline{OBF}$信号立即变成低电平,通知输出设备可以从 8255A 总线取走数据。$\overline{OBF}$信号由$\overline{WR}$信号的上升沿复位,由$\overline{ACK}$信号的下降沿置位。

$\overline{ACK}$(ACKnowledge):输入线,外设响应信号线,$\overline{ACK}$信号线变为低电平时表示 CPU 通过 8255A 输出的数据已送到输出设备。

INTR(INTerrupt Request):输出线,中断请求信号线,当输出设备发出的响应信号$\overline{ACK}$变高,且$\overline{OBF}$为高时,INTR 信号有效,向 CPU 申请中断,请求 CPU 输出下一个数据。

INTE(INTerrupt Enable):中断允许信号(没有外部引出端),用来控制是否允许相应的端口中断,PA 口和 PB 口的中断允许信号分别为 PC4 和 PC2,可由软件将其置 1(允许相应的端口中断)或置 0(屏蔽相应的端口中断)。

数据输出过程:

第一,当 CPU 通过 MOVX @Ri,A 指令把数据写入 8255A 的输出数据锁存器后,8255A 收到数据后便令$\overline{OBF}$信号变为低电平,通知输出设备取走数据。

第二,当输出设备取走并处理完 8255A 的数据后,输出的响应信号$\overline{OBF}$变为低电平,使 8255A 输出的 OBF 信号变为高电平。

第三,中断请求信号 INTR = INTE · $\overline{OBF}$ · $\overline{WR}$ · $\overline{ACK}$ 在允许中断的条件下,$\overline{ACK}$信号变低后使 INTR 信号变高,向 CPU 申请中断。

第四,CPU 响应中断,执行相应的中断服务程序向 8255A 输出数据,使$\overline{OBF}$信号变低,通知输出设备再次取走数据。$\overline{WR}$信号的下降沿使 INTR 信号为低电平,撤消中断请求。由此可知,要求输出设备发出的$\overline{ACK}$信号为负脉冲。

8255A 方式 1 输出逻辑符号图如图 7.6 所示。

3)方式 1 状态字。读取端口 C 的数据即得状态字,见表 7.4。8255A 端口 C 提供的状态字既可用于查询方式的状态标志位(IBF 和 OBF),又可用于中断源的判别(INTA 和 INTB),CPU 要通过对状态标志的查询确定是端口 A 还是端口 B 申请中断。

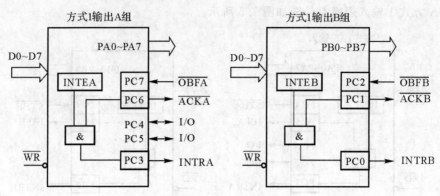

图 7.6　8255A 方式 1 输出逻辑符号图

表 7.4　方式 1 状态字含义

组　别	A　组					B　组		
状态位	D7	D6	D5	D4	D3	D2	D1	D0
输入时	I/O	I/O	IBFA	INTEA	INTRA	INTEB	IBFB	INTRB
输出时	$\overline{OBFA}$	INTEA	I/O	I/O	INTRA	INTEB	$\overline{OBFB}$	INTRB

（3）方式 2（双向选通方式）。只有 A 口能工作于方式 2，并可由方式控制字定义为输入或输出，而 B 口只能工作于方式 1 或方式 0，C 口中有 5 位（5 条线）作为 A 口的联络信号线，见表 7.5。内部控制电路自动提供四个状态触发器：INTE1，INTE2，$\overline{OBFA}$ 和 IBFA，端口 A 中断请求信号 INTRA 的逻辑表达式为

$$INTRA = INTE1 \cdot \overline{OBFA} \cdot \overline{WR} \cdot \overline{ACKA} + INTE2 \cdot IBFA \cdot \overline{RD} \cdot \overline{STBA}$$

其中 INTE1 为输出请求允许触发器，由 PC6 控制置位/复位，其作用和功能与方式 1 输出时的 INTE 相同；INTE2 为输入请求允许触发器，由 PC4 控制置位/复位，其作用和功能与方式 1 输入时的 INTE 相同。输入和输出中断请求共用一根 INTRA，究竟是输入还是输出中断，要靠端口 C 提供的状态位 IBFA 和 $\overline{OBFA}$ 加以区分。

8255A 方式 2 的状态字见表 7.5。

表 7.5　8255A 方式 2 状态字

组　别	A　组					B　组			组　别
状态位	D7	D6	D5	D4	D3	D3	D1	D0	状态位
方式 2	$\overline{OBFA}$	INTE1	IBFA	INTE2	INTRA	I/O	I/O	I/O	方式 0 出/入
						INTEB	IBFB	INTRB	方式 1 输入
						INTEB	$\overline{OBFB}$	INTRB	方式 1 输出

8255A 方式 2 逻辑符号图如图 7.7 所示。

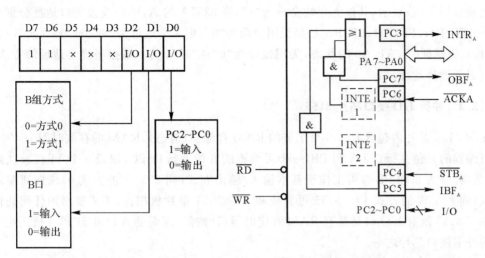

图 7.7　8255A 方式 2 逻辑符号图

6. 8031 单片机和 8255A 的接口

(1) 硬件电路。如图 7.8 所示是 8031 单片机扩展一片 8255A 的电路图。图中 74LS373 是地址锁存器,8255A 的地址线 A1,A0 经 74LS373 接于 P0.1,P0.0;片选端 $\overline{\text{CS}}$ 经 74LS373 与 P0.7 接通,其他地址线址线悬空;8255A 的控制线 $\overline{\text{RD}}$,$\overline{\text{WR}}$ 直接接于 8031 的 $\overline{\text{RD}}$ 和 $\overline{\text{WR}}$ 端,数据线 D0~D7 接于 P0.0~P0.7。

(2) 8255A 地址口确定。图 7.8 中 8255A 只有 3 根线接于地址线。片选 $\overline{\text{CS}}$、地址选择端 A1,A0,分别接于 P0.7,P0.1,P0.0,其他地址线全悬空。显然只要保证 P0.7 为低电平时,选中该 8255,若 P0.1,P0.0 再为"00"选中 8255A 的 A 口,同理 P0.1,P0.0 为"01""10""11"分别选中 B 口、C 口及控制口。

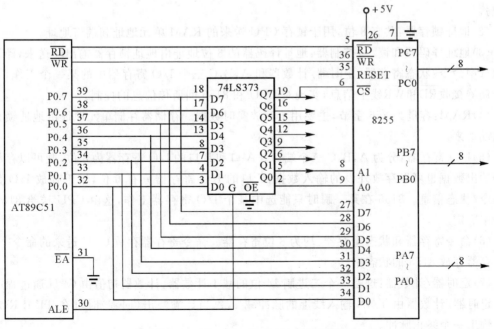

图 7.8　AT89C51 与 8255A 接口电路

若地址用 16 位表示,其他无用端全设为"1",则 8255A 的 A,B,C 及控制口地址分别可为FF7CH,FF7DH,FF7EH,FF7F。如果无用位取为"0",则 4 个地址为 0000H,0001H,0002H,0003H,只要保证$\overline{CS}$,A1,A0 的状态,无用位设为"0"或"1"无关。掌握了确定地址的方法,使用者可灵活选择地址。

7.2.2　并行 I/O 接口芯片 8155

Intel 8155 芯片内包含有 256 个字节的 RAM 存储器(静态),RAM 的存取时间为 400ns。两个可编程的 8 位并行口 PA 和 PB,一个可编程的 6 位并行口 PC,以及一个 14 位减法定时器/计数器。PA 口和 PB 口可工作于基本输入/输出方式(同 8255A 的方式 0)或选通输入输出方式(同 8255A 的方式 1)。8155 可直接和 AT89C51 单片机相连,不需要增加任何硬件逻辑。由于 8155 既有 I/O 口又具有 RAM 和定时器/计数器,因而是 AT89C51 单片机系统中最常用的外围接口芯片之一。

8155 是 Intel 公司研制的通用 I/O 接口芯片。8155 内部的功能部件包括:

(1)256 个字节的静态 RAM(SRAM)(最大存取时间为 40 ns),RAM 可作为数据缓冲器。

(2)两个可编程的 8 位并行口 A 口及 B 口。

(3)一个 6 位并行口 C 口,其中,I/O 口可外接 LED 显示器、键盘、模/数(A/D)及数/模(D/A)转换器等。

(4)一个 14 位定时/计数器,定时/计数器可作分频器、定时器或计数器使用。

8155 可与 MCS-51 系列单片机直接相连而不需要任何附加硬件,因此,8155 广泛应用于MCS-51 单片机系统中。

1.内部结构

8155 内部结构框图如图 7.9 所示。8155 共由 7 部分电路组成,各部分电路的功能如下:

(1)双向数据总线缓冲器:该缓冲器是 8 位的,用于传送 CPU 对 RAM 存储器的数据读/写。

(2)地址锁存器:共有 8 位,用于锁存 CPU 送来的 RAM 单元地址和端口地址。

(3)地址译码器和读/写控制器:地址译码器的 3 位地址由地址锁存器输出端送来,译码后可以选中命令/状态寄存器、定时器/计数器和 A,B,C 三个 I/O 寄存器中的某一个工作。读/写控制器接收$\overline{RD}$和$\overline{WR}$线上信息,实现对 CPU 和 8155 间所传信息的控制。

(4)RAM:容量为 256 字节,主要用于存放实时数据。存储器存储单元地址由地址锁存器输出端送来。

(5)I/O 寄存器:分为 A,B,C 三个端口。A 口和 B 口的 I/O 寄存器为 8 位,既可以存放外设的输出数据也可以存放外设的输入数据;C 口的 I/O 寄存器只有 6 位,用于存放 I/O 数据或命令/状态信息。8155 在某一瞬时只能选中某个 I/O 寄存器工作,这由 CPU 送给 8155 的命令字决定。

(6)命令寄存器和状态寄存器:均为 8 位寄存器。命令寄存器存放 CPU 送来的命令字,状态寄存器存放 8155 的状态字。

(7)定时器/计数器:这是一个二进制 14 位的减 1 计数器,计数器初值由 CPU 通过程序送来。定时器/计数器由 T/IN 输入线上的脉冲减 1,每当计满溢出(回零)时可在 TIMEROUT线上输出一个终止脉冲。

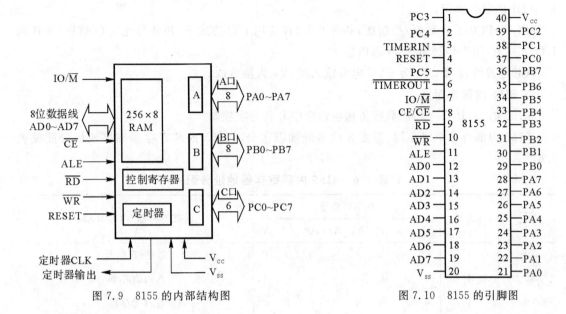

图 7.9　8155 的内部结构图　　　　　图 7.10　8155 的引脚图

2. 引脚功能

8155 为 40 芯双列直插式封装芯片,其引脚如图 7.10 所示。

(1)地址/数据线 AD7~AD0:共 8 条,可与 MCS-51 的 P0 口连接,用来在 8155 和 CPU 之间传送地址、数据、命令及状态信息。

(2)控制总线:共 8 条。

1)片选信号线 $\overline{CE}$:输入线,当 $\overline{CE}$ 信号为低电平时,表示此芯片被选中,允许它与 CPU 通信。

2)I/O 口及存储器 RAM 选择线 IO/$\overline{M}$:输入线,当 $\overline{CE}$ 为低电平且 IO/$\overline{M}$ 为低电平时,选择片内 RAM,当 $\overline{CE}$ 为低电平且 IO/$\overline{M}$ 为高电平时选择 I/O 口。

3)地址锁存信号线 ALE:输入线,高电平有效,常与 MCS-51 的同名端连接。当 ALE 信号为高电平时把 CPU 输出至 8155 的地址信号、片选信号 $\overline{CS}$ 及 IO/$\overline{M}$ 信号都锁到内部地址锁存器。

4)读/写选通线 $\overline{RD}$、$\overline{WR}$:输入线,常与 MCS-51 的同名端连接。$\overline{RD}$ 是 8155 的读命令输入线,而 $\overline{WR}$ 为写命令线;当 $\overline{RD}=0$ 且 $\overline{WR}=1$ 时,8155 处于读出数据状态;当 $\overline{RD}=1$ 且 $\overline{WR}=0$ 时,8155 处于写入数据状态。

5)定时/计数器的脉冲输入/输出线 TIMERIN 和 TIMEROUT:TIMERIN 是计数器输入线,用来输入 8155 需要的时钟信号;TIMEROUT 为计数器输出线,用来输出由编程命令所设定的方波或脉冲信号。

6)内部复位线 RESET:是 8155 总清输入线,在 RESET 线上输入一个大 $5\mu s$ 的正脉冲时可以使 8155 复位,3 个 I/O 口都设定为输入方式且定时器停止工作。

(3)I/O 总线:共 22 条。

PA7~PA0:通用 I/O 线,共 8 条;用于传送 A 口上的外设数据,数据传送方向由 8155 命令字中 D0 的状态决定。

PB7~PB0:通用 I/O 线,共 8 条;用于传送 B 口上的外设数据,数据传送方向由 8155 命令字中 D1 的状态决定。

PC5～PC0：I/O 数据/控制线，共有 6 条，在通用 I/O 方式下，用作传送 I/O 数据，在选通 I/O 方式下，用作传送命令/状态信息。

(4)电源线：2 条，V_{cc} 为＋5V 电源输入线，V_{ss} 为接地线。

3.8155 内部寄存器

8155 的 A,B,C 三口的数据传送由命令字和状态字控制。

8155 内部有 7 个寄存器，需要 3 位地址加以区分。8155 内部寄存器端口地址分配见表 7.6。

表 7.6　8155 内部寄存器地址分配

$\overline{CE}$	$IO/\overline{M}$	I/O 口地址								内部寄存器/内部 RAM
		A7	A6	A5	A4	A3	A2	A1	A0	
0	1	×	×	×	×	×	0	0	0	命令/寄存器
0	1	×	×	×	×	×	0	0	1	A 口寄存器
0	1	×	×	×	×	×	0	1	0	B 口寄存器
0	1	×	×	×	×	×	0	1	0	C 口寄存器
0	1	×	×	×	×	×	1	0	0	定时器低 8 位寄存器
0	1	×	×	×	×	×	1	0	1	定时器高 6 位和 2 位定时方式寄存器
0	0	×	×	×	×	×	×	×	×	内部 RAM 单元
1	×	×	×	×	×	×	×	×	×	无操作

(1)命令寄存器。8155 的工作方式由 CPU 写入命令寄存器中的命令字来确定。8155 命令字共有 8 位，用于设定 8155 的工作方式以及实现对中断和定时器/计数器的控制。命令寄存器只能写入不能读出，命令寄存器的 4 位用来设置 A 口、B 口和 C 口的工作方式。D4,D5 位用来确定 A 口、B 口以选通输入/输出方式工作时是否允许中断请求。D6,D7 位用来设置定时器/计数器的操作。

命令寄存器各位定义如图 7.11 所示。

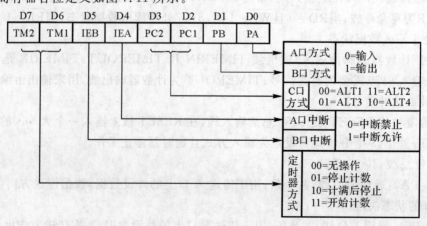

图 7.11　8155 命令字格式

TM2 和 TM1 是定时器/计数器方式控制位。

IEB 和 IEA 是 A 口和 B 口的中断控制位。

PC2 和 PC1 是 C 口的四种方式控制位。

PC2,PC1=00:A,B,C 口均为基本 I/O 方式,且 C 口为输入。

PC2,PC1=11:A,B,C 口均为基本 I/O 方式,且 C 口为输出。

PC2,PC1=01:A 口选通方式,B 口基本 I/O 方式,C 口见表 7.7。

PC2,PC1=10:A,B 口均为选通方式,C 口见表 7.7。

PB 和 PA 分别是 A 口和 B 口的输入/输出方式控制位。

对于命令寄存器来说,只能向它写入命令,而不能将它的内容读出。

表 7.7   I/O 工作方式及 C 口各位定义

方式组合		方式 1	方式 2	方式 3	方式 4
控制位 PC2,PC1		00	11	01	10
A 口工作方式		通用 I/O	通用 I/O	选通 I/O	选通 I/O
B 口工作方式		通用 I/O	通用 I/O	通用 I/O	选通 I/O
C口各位工作	PC0	输入	输出	AINTR(A 口中断)	AINTR(A 口中断)
	PC1	输入	输出	ABF(A 口缓冲器满)	ABF(A 口缓冲器满)
	PC2	输入	输出	$\overline{ASTB}$(A 口选通)	$\overline{ASTB}$(A 口选通)
	PC3	输入	输出	输出	BINTR(B 口中断)
	PC4	输入	输出	输出	BBF(B 口缓冲器满)
	PC5	输入	输出	输出	$\overline{BSTB}$(B 口选通)

(2)状态寄存器。在 8155 中设置有一个状态标志寄存器,用来存入 A 口和 B 口的状态标志。状态标志寄存器的地址与命令寄存器的地址相同,CPU 只能对其读出,不能写入。

8155 状态字由 7 位组成,最高位空出不用,其余各位定义如图 7.12 所示。

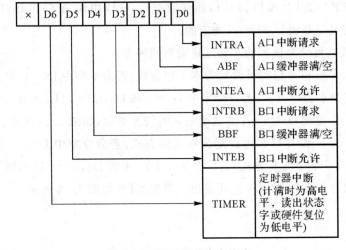

图 7.12   8155 的状态字格式

D6：为定时器中断状态标志位。若定时器正在计数或开始计数前，则 D6＝0；若定时器计满后变为全"0"，则 D6＝1，并在硬件复位或对它读出后又恢复为 0。

D5 和 D2：分别为 B 口和 A 口的中断允许标志位，用于表示 8155B 口或 A 口的中断请求状态。例如，若 D5＝1 状态，则 B 口的中断处于被允许状态。

D4 和 D1：分别为 B 口和 A 口的缓冲器状态标志位，用于表示 8155 的 B 口和 A 口缓冲器的工作状态。例如，若 D4＝0，则 B 口缓冲器空；若 D4＝1，则 B 口缓冲器满。

D3 和 D0：分别为 B 口和 A 口的中断请求标志位，用于表示 8155 的 B 口或 A 口是否有了中断请求。例如，若 D3＝0，则表示 B 口无中断请求；若 D3＝1，则表示 B 口有中断请求。

对于状态字寄存器，只能读出其状态而不能向它写入，CPU 通过一条 MOVX A，@ Ri 或 MOVX A，@ DPTR 指令便可读取 8155 状态字，用于判断 8155 所处工作状态。

8155 命令寄存器和状态寄存器是共用一个端口地址的，这由对该端口进行读还是写来区分。

（3）A 口、B 口寄存器。A 口、B 口寄存器均为 8 位寄存器，由命令字设置为输入/输出或选通输入/输出口，PA7～PA0 为 A 口寄存器的 I/O 线，PB7～PB0 为 B 口寄存器的 I/O 线。

4.8155 工作方式

（1）存储器方式。用于对片内 256 字节 RAM 单元进行读和写，若 IO/$\overline{M}$＝0 且 $\overline{CE}$＝0，CPU 通过 AD7～AD0 上的地址选择 RAM 中的任一单元读/写。

（2）I/O 方式。8155 的 I/O 方式又可分为通用 I/O 和选通 I/O 两种工作方式，见表 7.7 所列。在 I/O 方式下，8155 可选择对片内任一寄存器读/写，端口地址由 A2A1A0 3 位决定，见表 7.7。

1）基本 I/O 方式：在此方式下，A，B，C 三口用作输入/输出，由命令字决定。其中 A，B 两口的输入/输出由 D1D0 决定，C 口各位由 D3D2 状态决定。例如，若把 02H 的命令字送到 8155 命令寄存器，则 8155 A 口和 C 口各位设定为输入方式，B 口设定为输出方式。

2）选通 I/O 方式：由命令字中的 D3D2＝10B 或 D3D2＝11B 状态设定，A 口和 B 口都可独立工作于这种方式。此时，A 口和 B 口用作数据口，C 口用作 A 口和 B 口的联络控制。C 口各位联络线的定义是在设计 8155 时规定的。

选通 I/O 方式又可分为选通输入和选通输出两种方式。

①选通输入。A 口和 B 口都可设定为本工作方式：若命令字中 D0＝0 和 D3，D2＝10B（或 11B），则 A 口设定为本工作方式；若命令字中 D1＝0 和 D3，D2＝11B，则 B 口设定为本工作方式。选通输入的工作过程和 8255 A 的选通输入的情况类似，如图 7.13 所示。

②选通输出。A 口和 B 口都可设定为本工作方式：若命令字中 D0＝0 和 D3，D2＝110B（或 11B），则 A 口设定为本工作方式；若命令字中 D1＝1 和 D3，D2＝11B，则 B 口设定为本工作方式。选通输出过程也和 8255A 选通输出时情况类似，如图 7.14 所示。

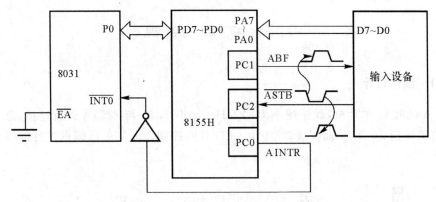

图 7.13 选通 I/O 数据输入示意图

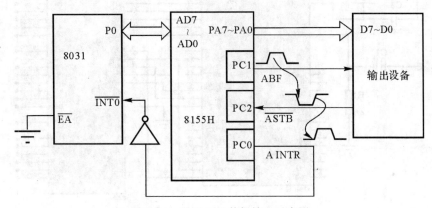

图 7.14 选通 I/O 数据输入示意图

5. 8155 与 MCS-51 单片机接口

只要将 8155 的输入控制端与 MCS-51 单片机各同名端相连,将 AD7～AD0 与 8031 的 P0.7～P0.0 相接,$\overline{CE}$,IO/$\overline{M}$ 分别与 P2.7～P2.0 中的任两位相连,如图 7.15 所示。

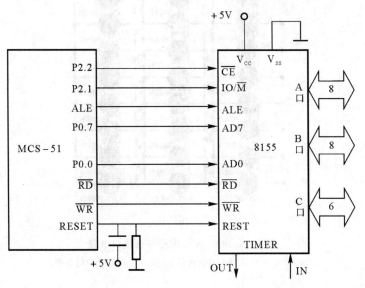

图 7.15 8155 与 MCS-51 的接口

7.3 项目实现

7.3.1 硬件设计

选用 AT89C51 单片机,晶振频率为 12MHz,AT89C51 与 8255A 进行连接,进行并口扩展,由 8 口扩展到 24 口,从而实现对 24 个 LED 灯的控制。8255A 可编程并行接口电路如图 7.16 所示。

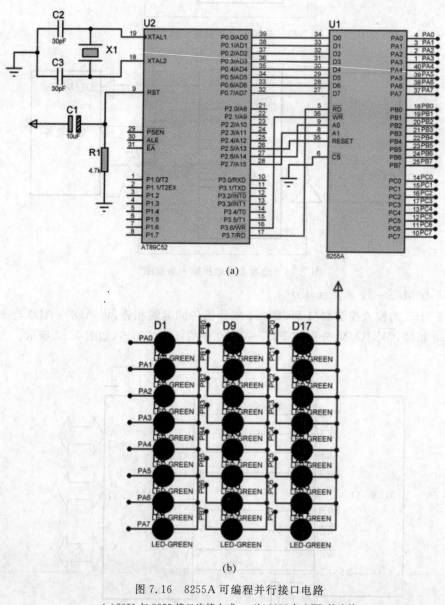

(a)

(b)

图 7.16 8255A 可编程并行接口电路

(a)8051 与 8255 接口连接方式; (b)8255 与 LED 的连接

7.3.2　软件编程

```
#include<regx52.h>
#include<intrins.h>
#include<absacc.h>
#define uchar unsigned char
#define uint unsigned int
#define PA XBYTE[0x3fff]
#define PB XBYTE[0x7fff]
#define PC1 XBYTE[0xbfff]
#define CTL XBYTE[0xffff]
sbit reset=P2^5;
void delay(uchar t);
void display();
void main()
{
EA=1;
ET0=1;
TMOD=0x01;
reset=1;
_nop_();
reset=0;
CTL=0x80;        //写8255控制字,设置PA,PB,PC为输出口
while(1)
{
  display();}
}
void display()
{
uchar outdata=0xfe,i;
for(i=0;i<8;i++)
  {PA=outdata;
   delay(200);
   outdata=_crol_(outdata,1);
  }
  PA=0xff;
  outdata=0xfe;
for(i=0;i<8;i++)
  {PB=outdata;
```

```
     delay(200);
     outdata=_crol_(outdata,1);}
   PB=0xff;
   outdata=0xfe;
for(i=0;i<8;i++)
  {PC1=outdata;
   delay(200);
   outdata=_crol_(outdata,1);}

   PC1=0xff;
}


void delay(uchar t)
{
   for(;t>0;t--)
    {
THO=(65536-1000)/256;
TL0=(65536-1000)%256;
TR0=1;
while(TF0==0) ;
TF0=0;
    }
   TR0=0;
}
```

7.3.3 仿真调试

利用 Keil C51 与 Proteus 软件进行联调,仿真结果如图 7.17 所示。

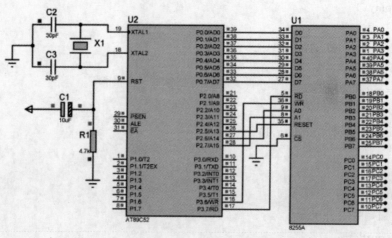

图 7.17 8255A 可编程并行接口电路仿真结果

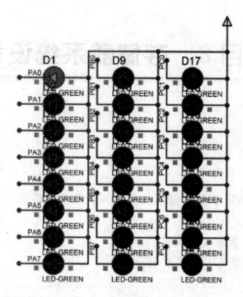

续图 7.17　8255A 可编程并行接口电路仿真结果

习题

1. I/O 接口和 I/O 端口有什么区别？I/O 接口的作用是什么？

2. I/O 数据传送有哪几种传送方式？分别在哪些场合下使用？

3. 在单片机应用系统中，为什么通常要扩展单片机的 I/O 接口？

4. 8155 的端口都有哪些？引脚 TIMERIN 和 TIMEROUT 的作用是什么？

5. 8255A 的方式控制字和 C 口按位置/复位控制字都可以写入 8255A 的控制寄存器，8255A 是如何来区分这两个控制字的？

6. AT89C51 的并行接口的扩展有多种方法，在什么情况下采用扩展 8155H 芯片较为适合？

7. 假设 8255A 的控制寄存器的的地址为 7FFFH，要求 8255A 的 3 个端口都工作在方式 0，且 A 口为输入，B 口、C 口为输出，请画出 8031 与 8255A 的接口电路图，并编写初始化程序。

8. 假设 8155 的 TIMERIN 引脚输入脉冲的频率为 1 MHz，请编写出在 8155H 的 TIMEROUT 引脚上输出周期为 10ms 方波的程序。

9. 采用 8255A 扩展 I/O 口时，若把 A 口作为输入口，A 口每一位接一个开关，B 口作为输出口，B 口每一位接一个发光二极管。试编写当 A 口某个开关接 1 时 B 口相应发光二极管点亮的程序。

10. 试编制 8255A 的初始化程序，要求：A 口按工作方式 0 输入，B 口按工作方式 1 输出，C 口高 4 位按工作方式 0 输出，低 4 位按工作方式 1 输入。

项目8　存储器系统设计

项目目标

1. 知识目标

(1)了解常用数据存储器、程序存储器的分类方法及主要性能指标;

(2)掌握系统总线构造;

(3)掌握常用程序存储器芯片及其扩展方法;

(4)掌握常用数据存储器芯片及其扩展方法。

2. 技能目标

(1)能够利用单片机与存储器的连接,设计制作存储器系统硬件电路;

(2)能够使用单片机 AT89C51 编写存储器系统程序;

(3)能使用 Keil 和 Proteus 软件对单片机存储器系统软硬件进行联合调试、仿真。

8.1　项 目 描 述

选用 AT89C51 单片机,晶振频率为 12MHz,单片机先向存储器 6264 中写入整数 1~500,然后将其逆向复制到 0x0200 处。

8.2　相 关 知 识 讲 解

8.2.1　半导体存储器基本知识

半导体存储器是微型计算机的重要记忆元件,是微型计算机的重要组成部分。常用于存储程序、常数、原始数据、中间结果等。单片机内部虽然设置了一定容量的存储器,但是其存储容量较小,因此需要从外部进行扩展,配置外部存储器。半导体存储器的容量越大,计算机的记忆功能就越强;半导体存储器的速度越快,计算机的运算速度就越快。在对单片机进行开发时,首先遇到的问题就是存储器的扩展。因此,半导体存储器的性能对计算机的功能具有重要的意义。

1. 几个与半导体存储器有关的概念

位(bit):信息的基本单元是位,它用来表达一个二进制信息"1"或"0"。在存储器中,位信息是由具有记忆功能的半导体电路(如触发器)实现的。

字节(Byte):在微型计算机中信息大多是以字节形式存放的。一个字节由 8 个信息位组成,通常作为一个存储单元。

字(Word):字是计算机进行数据处理时,一次存取、加工和传递的一组二进制位。它的长度叫做字长。字长是衡量计算机性能的一个重要指标。

地址:字节所处的物理空间位置是以地址标识的。我们可以通过地址码访问某一字节,即一个字节对应一个地址。对于 16 位地址线的微机系统来说,地址码是由 4 位十六进制数表示的。16 位地址线所能访问的最大地址空间为 64KB。64KB 存储空间的地址范围是 0000H～FFFFH,第 0 个字节的地址为 0000H,第 1 个字节的地址为 0001H,……,第 65535 个字节的地址为 FFFFH。

2.半导体存储器的分类

从制造工艺的角度可以把半导体存储器分为双极型、CMOS 型、HMOS 型等;从使用的角度可以将其分为两大类:只读存储器(Read Only Memory,ROM)和随机存取存储器(Random Access Memory,RAM)。ROM 的信息在使用时是不能改变的,亦即是不可写入的,它只能读出,故一般用来存放固定的程序,如微机的管理、监控程序、汇编程序,以及存放各种常数、函数表等;RAM 主要用来存放各种输入/输出数据、中间结果、与外界交换的信息和作为堆栈,它的存储单元中的内容按需既可以读出,也可以写入或改写。

半导体存储器的分类如图 8.1 所示。

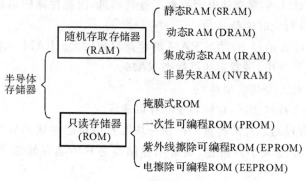

图 8.1　半导体存储器的分类

(1)只读存储器(ROM)。ROM 所存储的信息在正常情况下只能读取,不能随意改变。其信息是在特殊条件下生成的,即使停电其信息也不会丢失,因此,这种存储器适用于存储固定不变的程序和数据。ROM 存储器按工艺常分为掩膜 ROM,PROM 和 EPROM 等 3 类。

1)掩膜 ROM。掩膜 ROM 简称 ROM,其存储的信息是在掩膜工艺制造过程中固化进去的,信息一旦固化便不能再修改。这种 ROM 芯片存储结构简单、集成度高、工作可靠,适合于大批量生产。当数量很大时,这种 ROM 芯片才比较经济。

2)可编程 ROM。简称 PROM,芯片出厂时其中并没用任何程序信息,其信息可由用户通过特殊方法和手段写入,但它只能写入一次,并且写入的信息不能修改。

3)可改写 ROM。这种 ROM 芯片的内容也由用户写入,但允许反复擦除、重新写入。按擦除信息的方法不同,可分为两类:一类是紫外线擦除,称为 EPROM(Erasable Programmable ROM);另一类是电擦除,称为 EEROM 或 E2ROM(Electrically Erasable ROM)。

EPROM 是用电信号编程而用紫外线擦除读存储器芯片,在芯片外壳上方的中央有一个圆形窗口,通过这个窗口照射紫外线就可以擦除原有信息。由于阳光中有紫外线的成分,所以在程序写好后要用不透明的标签贴封窗口。

E2ROM 是一种用电信号编程也用电信号擦除的芯片,它可以通过读/写操作进行逐个单元的读出和写入,且读/写操作与 RAM 存储器几乎没有什么差别,所不同的是写入速度慢一些,但断电后却能保存信息。

(2)随机存取存储器(RAM)。RAM 是一种在正常情况下可以随机写入或读出其信息的存储器,主要用来存放临时的程序和数据。数据读入后,存储器内的原数据不变;新数据写入后,原数据自然消失并为新数据代替。但停止向芯片供电后,它所保存的信息全都丢失,属易失性存储器。

RAM 按器件制造工艺不同又分为两类:双极型 RAM 和 MOSRAM 两大类。

1)双极型 RAM 采用晶体管触发器作为基本存储电路。其优点是存取速度快但结构复杂,集成度较低,比较适合用于小容量的高速暂存器。

2)MOSRAM 采用 MOS 管作为基本存储电路。其优点是集成度高,功耗低,价格便宜。

MOS 随机存储器按信息存储的方式不同又分为静态 RAM 和动态 RAM 两种。

静态 RAM(SRAM):依靠触发器存储二进制信息,因此存储的信息在非掉电情况下不会自动丢失。

动态 RAM(DRAM):依靠存储电容存储二进制信息,因此存储的信息经过一定时间会自动丢失,工作中需要进行定时刷新。

静态 RAM 的存储容量较小,动态 RAM 的存储容量较大。RAM 一般用作单片机外部数据存储器。在单片机系统中,最常用的是静态 RAM。

3. 半导体存储器的主要性能指标

存储器有两个主要技术指标:存储容量和存取速度。

(1)存储容量。存储器芯片的容量是指在一块芯片中所能存储的信息位数。存储容量是半导体存储器存储信息量大小的指标,通常用存储器芯片所能存储的字数和字长的乘积表示,即

$$存储容量=字数×字长$$

例如,存储容量为 256×4 的存储芯片表示它有 256 个存储单元,每个存储单元只能存储 4 位二进制信息。

当字数较多时,字数常以 K 或 M 或 G 为单位,1KB=1024B,1MB=1024KB,1GB=1024MB;例如,16K×8 位的芯片,其容量为能存储 16×1024×8=131 072 位信息,有 16×1024 个存储单元,每个存储单元存储 8 位二进制信息。

存储体的容量则指由多块存储器芯片组成的存储体所能存储的信息量,一般以字节的数量表示,如上述芯片的存储容量为 16KB。

半导体存储器的容量越大,存放程序和数据的能力就越强,但必须与 CPU 所需要的相匹配。

(2)存取速度。存储器的存取速度是用存取时间来衡量的,它是指 CPU 从存储器读或写一个数所需要的时间,即存储器从接收 CPU 发来的有效地址到存储器给出的数据稳定地出现在数据总线上所需要的时间,该时间的上限值称为存储器的最大存取时间。因此,存储器的最大存取时间和计算机工作速度有关,最大存取时间越小,计算机工作速度就越快,通常半导体存储器的最大存取时间为几十到几百纳秒。

存取速度对 CPU 与存储器的时间配合是至关重要的。如果存储器的存取速度太慢,与

CPU 不能匹配,那么 CPU 读取的信息就可能有误。

(3)存储器功耗。存储器功耗是指它在正常工作时所消耗的电功率。通常,半导体存储器的功耗和存取速度有关,存取速度越快,功耗也越大。因此在保证存取速度的前提下,存储器的功耗越小越好。

(4)可靠性。半导体存储器的可靠性是指它对周围电磁场、温度和湿度等的抗干扰能力。

8.2.2　常用程序存储器芯片

掩膜 ROM 和 PROM 在用户系统中较少使用,重点介绍 EPROM 和 EEPROM。

1. 紫外线擦除的 EPROM

目前常用 EPROM 芯片有以下几种:2716/2764/27128/27256。27 是系列号,16/64/128/256/512 和存储器容量有关。它们的引脚排列如图 8.2 所示。2716 是 24 引脚芯片,其他均是28 引脚芯片,主要差别是地址线的不同,因此可以公用一个芯片管座。

27128 的存储容量为 16KB,正好是 2764 的二倍,故 27128 的地址线应比 2764 多一条。图 8.2 中 2764 的 26 引脚脚标为 NC,表示轮空不用;27128 的 26 引脚脚标为 A13,用于传送27128 的最高位地址码;27256 的存储容量为 32KB,正好是 27128 的二倍,所以它的 26 引脚为A14,作为最高位地址码。

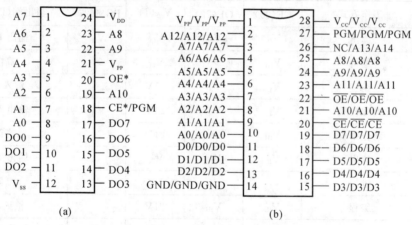

图 8.2　常用 EPROM 引脚图

(a)2716 引脚图;　(b)2764/27128/27256 引脚图

(1)引脚功能(以 2764 为例介绍)。

1)地址输入线 A12～A0:2764 的存储容量为 8KB,故按照地址线条数和存储容量的关系($2^{13}=8192$),共需 13 根地址线,编号为 A12～A0。2764 的地址线应和 MCS51 单片机的 P2和 P0 口相接,用于传送单片机送来的地址编码信号,其中 A12 为最高位。

2)数据线 D7～D0:D7～D0 是双向数据总线,D7 为最高位。在正常工作时,D7～D0 用于传送从 2764 中读出的数据或程序代码;在编程方式时用于传送需要写入的编程代码(即程序的机器码)。

3)控制线 3 条:

片选输入线$\overline{CE}$:该输入线用于控制本芯片是否被选中工作,低电平有效。若给$\overline{CE}$加一个低电平,则本芯片被选中工作;若给$\overline{CE}$加一个高电平,则本芯片不工作。

编程输入线$\overline{PGM}$:PGM的作用是控制芯片处于正常工作状态还是编程/检验状态。当$\overline{PGM}=1$时,芯片处于正常工作状态;若给$\overline{PGM}$输入一个 50 ms 宽的负脉冲,则芯片配合 V_{PP} 引脚上的编程电压可处于编程/校验状态。

允许输出线$\overline{OE}$:$\overline{OE}$也是一条由用户控制的输入线,若给$\overline{OE}$线上输入一个 TTL 高电平(即 V_{IH}),数据线 D7~D0 处于高阻状态;若给$\overline{OE}$线上输入一个 TTL 低电平,则 D7~D0 处于读出状态。

4)其他引脚线 4 条:V_{CC}为$+5V\pm10\%$电源输入线;GND 为直流地线;V_{PP}为编程电源输入线,当它接$+5V$时,2764 处于正常工作状态,当 V_{PP} 接 21V 电压时,2764 处于编程/校验状态;NC 为 2764 的空线。

(2)工作方式和编程。2764 共有正常和编程两种工作方式和 5 种工作状态:正常工作方式是指 2764 在它所应用系统中的工作方式,常分为读出和维持两种工作状态;编程工作方式是指给 2764 写入程序时的工作方式,又可分为编程、禁止编程和校验 3 种工作状态。

2764 究竟处在哪一种方式和状态下工作,是由 2764 的控制和电源线上的信号决定的。表 8.1 列出了 2764 的工作状态和相应引脚线上电平的关系。

表 8.1　EPROM 常用芯片工作方式选择表

芯　片	工作方式	$\overline{CE}$(20)	$\overline{OE}$(22)	V_{PP}(1)	PGM(27)	输出端(D7~D0)
2764 27128	读出	V_{IL}	V_{IL}	V_{CC}	V_{IH}	输出 D_{OUT}
	维持	V_{IH}	×	V_{CC}	×	高阻
	编程	V_{IL}	V_{IH}	21V		输入 D_{IN}
	编程校验	V_{IL}	V_{IL}	21V	V_{IH}	输出 D_{OUT}
	禁止编程	V_{IH}	×	21V	×	高阻
27256	读出	V_{IL}	V_{IL}	V_{CC}		输出 D_{OUT}
	维持	V_{IH}	×	V_{CC}		高阻
	编程	V_{IL}	V_{IH}	21V		输入 D_{IN}
	编程校验	V_{IL}	V_{IL}	21V		输出 D_{OUT}
	禁止编程	V_{IH}		21V		高阻

注:V_{CC}为$+5V$,V_{IL}为低电平,V_{IH}为高电平,×为任意电平。

由表 8.1 可见,2764 的正常和编程方式是由 V_{PP} 引线上的电源电压决定的,若 V_{PP} 接$+5V$电源,则 2764 处在正常工作方式;若 V_{PP} 接$+21V$电源,则 2764 处在编程工作方式。现在对 5 种工作状态分述如下:

1)读出和维持状态:这两种工作状态实际上是 2764 在正常工作时的两种不可缺少的状态,因此 V_{PP} 和 V_{CC} 必须接$+5V$电源。读出和维持状态主要由$\overline{CE}$上的电平决定,只要$\overline{CE}=1$,不管其他控制信号状态如何,器件将进入维持工作状态,即低功耗状态,此时器件最大功耗电流由 100 mA 降至 40 mA,D7~D0 呈高阻态。若$\overline{CE}=0$,则本芯片被选中工作,数据线 D7~D0 上便可读出 A12~A0 上地址码所决定存储单元中的程序代码。

2)编程和禁止状态:这两种状态都要求 V_{PP} 接$+21V$电源,V_{CC} 接$+5V$电源,编程和禁止编程主要也是由$\overline{CE}$上的电平决定的,若$\overline{CE}=1$且$\overline{PGM}=1$,则本芯片处于禁止编程状态,D7~D0 为高阻态。若$\overline{CE}=0$,则本芯片被选中编程,在$\overline{PGM}$加上 50ms 宽负脉冲,就可将数据线 D7~D0 上的程序代码写入由 A12~A0 决定的存储单元。

3)校验状态:校验状态要求 V_{PP}接+21V 电源,V_{CC}接+5V 电源,$\overline{PGM}$接高电平。此时通过对 2764 的$\overline{CE}$和$\overline{OE}$上电平的控制就可从存储阵列中读出编程状态下刚写入的程序代码,以便与原写入程序代码进行比较,用于检验编程的正确性。

2.电擦除的 EPROM(E^2PROM)

E^2PROM 是一种电擦除可编程只读存储器,其主要特点是能在计算机系统中进行在线修改,并能在断电的情况下保持修改的结果,即在写入一个字节的数据之前,自动地对要写入的单元进行擦取,不需要专门的擦除设备和设置单独的擦除操作。可见 E^2PROM 的使用是很方便的,因而在智能化仪器仪表、控制装置等领域得到普遍采用。

目前 E^2PROM 芯片主要有串行 E^2PROM 和并行 E^2PROM 两种。

并行 E^2PROM 芯片主要有 Intel28××系列,28 是系列号,××是序号,其性能见表 8.2。

表 8.2　常见 E^2PROM 芯片的主要技术特性

芯片型号	2816	2816A	2817	2817A	2864	2864A	28256A
引脚数	24	24	28	28	28	28	28
容量/KB	2	2	2	2	8	8	32
取数时间/ns	250	200/250	250	200/250	250	250	250
读操作电压/V	5	5	5	5	5	5	5
写操作电压/V	21	5	21	5	21	5	21
字节擦除时间/ms	10	9~15	10	10	10	10	10
写入时间/ms	10	9~15	10	10	10	10	10

并行 E^2PROM 芯片主要有 2864 和 28256,其分别与 2764 和 27256 兼容。

Intel2864A 是 8K×8 位的电可擦除可编程只读存储器,单一+5V 供电,最大工作电流为 140mA,维持电流 60mA。由于其片内设有编程所需的高压脉冲产生电路,因而无需外加编程电源和写入脉冲即可工作。采用典型的 28 脚结构,与常用的 8KB 静态 RAM6264 管脚完全兼容。内部地址锁存,并且有 16B 的数据"页缓冲器",允许对页快速写入,在片上保护和锁存数据信息。提供软件查询的标志信号,以判定数据是否完成对 E^2PROM 的写入。2864 有 28 条引脚,双列直插式封装,如图 8.3 所示。

A0~A12:地址线。

D0~D7:数据线。

$\overline{CE}$:片选线。

$\overline{OE}$:输出使能端。

$\overline{WE}$:写使能端。

2864 也有正常和编程两种工作方式:正常工作方式也有读出和维持两种状态;编程方式有四种工作状态:字节擦除、字节写入、片擦除和禁止读/写状态。2864 的工作状态和相应引脚线上电平的关系见表 8.3。

1	NC	V_{cc}	28
2	A12	$\overline{WE}$	27
3	A7	NC	26
4	A6	A8	25
5	A5	A9	24
6	A4	A11	23
7	A3	$\overline{OE}$	22
8	A2	A10	21
9	A1	$\overline{CE}$	20
10	A0	D7	19
11	D0	D6	18
12	D1	D5	17
13	D2	D4	16
14	GND	D3	15

图 8.3　2864 引脚分配图

表 8.3　2864 芯片工作方式选择表

工作方式	$\overline{CE}$(18)	$\overline{OE}$(20)	V_{PP}(21)/V	输出端 (I/O7～I/O0)
读出	V_{IL}	V_{IL}	+4～+6	输出
维持	V_{IH}	×	+4～+6	高阻
字节擦除	V_{IL}	V_{IH}	+21	V_{IH}
字节写入	V_{IL}	V_{IH}	+21	被写入信息
片擦除	V_{IL}	+9～+15V	+21	V_{IH}
禁止读/写	V_{IH}	×	+4～+22	高阻

注：V_{IL} 为低电平，V_{IH} 为高电平，×为任意电平。

串行 E^2PROM 主要有 2 线和 3 线两种产品。2 线产品用于要求 I^2C 总线、抗噪声性能强、微控制器 I/O 受限制的场合，或者一条指令将多个字节存入写缓冲器的场合。3 线产品用于有限制规程要求、SPI 规程、高时钟频率要求、或者 16 位数据宽度的应用场合。

2 线串行 E^2PROM 芯片主要有 24LC01/24LC02／24LC04／24LC08/24LC16／24LC32／24LC64 等，其引脚排列如图 8.4 所示，其中 A0，A1，A2 为用户使用片选端，SDA 为串行地址/数据 I/O 端，SCL 为串行时钟端，WP 为禁制写入端，V_{ss} 为接地端，V_{cc} 为电源端。

图 8.4　24LC01/24LC02/24LC04 引脚图　　　图 8.5　93C46/93C56/93C66 引脚图

3 线串行 E^2PROM 芯片主要有 93C46/93C56/93C66（1K/2K/3K）等，其引脚排列如图

8.5 所示,其中 CS 为片选端,DI 为串行数据输入端,DO 为串行数据输出端,CLK 为串行数据时钟端,ORG 为存储器的构造端,V_{ss} 为接地端,V_{cc} 为电源端,NU 为空端。

当 ORG 与 V_{cc} 相连时,选择 16 位数据结构;当 ORG 与 V_{ss} 相连时,选择 8 位数据结构。

8.2.3　常用数据存储器芯片

随机存取存储器 RAM 是一种正常工作时既能读又能写的存储器,故又称为读/写存储器。RAM 存储器通常用来存放数据、中间结果和最终结果等,是现代计算机不可缺少的一种半导体存储器。

现在主要介绍静态 RAM 的常用芯片和应用。静态 RAM 的芯片结构根据其存储空间数据位的不同,分为几种类型,有单数据类型,如 2115(1K×1 位);有 4 位数据线类型,如 2114(1K×4 位);最常用的芯片是 8 位数据线的 6264 和 62256 等。图 8.6 所示为 6264/62256 芯片的引脚。它们的主要差别是 62256 比 6264 多两根地址线,即 26 脚为 A13 和 1 脚为 A14。因此,它们可以公用一个管座。

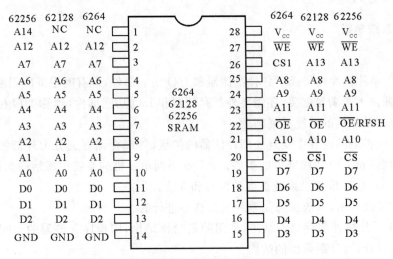

图 8.6　RAM 6264/62128/62256 芯片引脚

1. 各管脚的作用

(1)地址线:A0~A12(A0 ~ A14)为地址输入线,用于传送 CPU 送来的地址编码信号。

(2)数据线:D0~D7 为双向数据线,用于传送 CPU 对芯片的写数据和芯片输出给 CPU 的读数据。

(3)控制线 4 条:

允许输出线 $\overline{OE}$:用于控制芯片输出给 CPU 的读数据是否送到数据线 D0~D7 上,低电平有效;若 $\overline{OE}=0$,则读出数据可以直接送到数据总线 D0~D7,$\overline{OE}=1$ 读出数据只能到达 6264 的内部总线。

片选输入线 CS1 和 $\overline{CS1}$:若 CS1=1 和 $\overline{CS1}=0$,则本芯片被选中工作,否则芯片不被选中工作,也是低电平有效。

读/写控制线 $\overline{WE}$:用于芯片的工作状态,高电平时为读出工作状态,低电平时则为写入工作状态。

（4）电源线 2 条：V_{CC} 为＋5V 电源线，GND 为接地线。

2.工作方式

6264 共有五种工作方式，6264/62256 的工作方式选择见表 8.4。

表 8.4　6264 工作方式选择表

工作方式	$\overline{CS1}$	CS1	$\overline{OE}$	$\overline{WE}$	功　能
禁止	0	1	0	0	不允许 $\overline{OE}$ 和 $\overline{WE}$ 同时为低电平
读出	0	1	0	1	从 6264 读出数据到 D0～D7
写入	0	1	1	0	把 D0～D7 数据写入 6264
选通	0	1	1	1	输出高阻
未选通	1	1	×	×	输出高阻

注：×为任意电平。

8.2.4　系统总线

1.概述

AT89C51 单片机片内集成了各种存储器和 I/O 功能部件，但有时根据应用系统的功能需求，片内的资源还不能满足需要，还需要外扩存储器和 I/O 功能部件（也称 I/O 接口部件），这就是通常所说的单片机的系统扩展问题。

单片机系统扩展的内容主要有外部存储器的扩展（外部存储器又分为外部程序存储器和外部数据存储器）和 I/O 功能部件的扩展。AT89 系列单片机的系统扩展结构如图 8.7 所示。图中展示出 AT89C51 单片机系统扩展的内容和方法。

由图 8.7 可以看出，系统扩展是单片机为核心进行的。

AT89C51 单片机外部存储器结构，采用的是哈佛结构，即程序存储器的空间和数据存储器的空间是截然分开，分别寻址的结构。

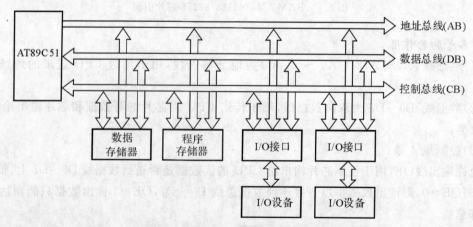

图 8.7　AT89 系列单片机系统扩展结构

由图可以看出，扩展是通过系统总线进行的，通过总线把 AT89C51 单片机与各扩展部件连接起来,并进行数据、地址和控制信号的传送,因此,要实现扩展首先要构造系统总线。

2.系统总线构造

所谓总线,就是连接计算机各部件的一组公共信号线。AT89C51 使用的是并行总线结构,按其功能通常把系统总线分为 3 组,即

(1)地址总线。地址总线用于传送单片机发出的地址信号,以便进行存储单元和 I/O 口端口的选择。地址总线是单向的,地址信号只能由单片机向外送出。地址总线的数目决定着可直接访问的存储单元的数目。

(2)数据总线。数据总线用于在单片机与存储器之间或单片机与 I/O 口之间传送。单片机系统数据总线的位数与单片机处理数据的字长一致。

(3)控制总线。控制总线实际上就是一组控制信号线,包括单片机发出的,以及从其他部件传送给单片机的。对于一条具体的控制信号线来说,其传送方向是单向的,但是由不同方向的控制信号线组合的控制总线则表示为双向。

由于采用总线结构形式,可以大大减少单片机系统中传输线的数目,提高了系统的可靠性,增加了系统的灵活性。此外,总线结构也使扩展易于实现,各功能部件只要符合总线规范,就可以很方便地接入系统,实现单片机的系统扩展。

3.构造系统总线

既然单片机的扩展系统是并行总线结构,因此单片机系统扩展的首要问题就是构造系统总线,然后再往系统总线上"挂"存储器芯片或 I/O 接口芯片,"挂"存储器芯片就是存储器扩展,"挂"I/O 接口芯片就是 I/O 扩展。

AT89 系列单片机受引脚数目的限制,数据线和低 8 位地址线是复用的,而 P0 口线兼用。

为了将它们分离出来,以便同单片机片外的扩展芯片正确连接,需要在单片机外部增加地址锁存器,从而构成与一般 CPU 相类似的片外三总线,如图 8.8 所示。

地址锁存器一般采用 74LS373,采用 74LS373 的地址总线的扩展电路如图 8.9 所示。

由 AT89C51 的 P0 口送出的低 8 位有效地址信号是在 ALE(地址锁存允许)信号变高的同时出现的,并在 ALE 由高变低时,将出现在 I/O 口的地址信号锁存到外部地址锁存器 74LS373 中,直到下一次 ALE 变高时,地址才发生变化,随后,P0 口又作为数据总线口。

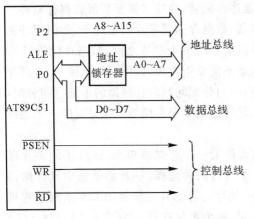

图 8.8　AT89 系列扩展的三总线

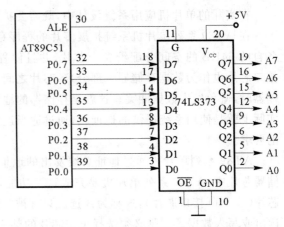

图 8.9　AT89 系列地址总线扩展电路

现在介绍总线的具体构造方法。

（1）以 P0 口作低 8 位地址/数据总线锁存器。因为 P0 口既作低 8 位地址线，又作数据线（分时复用），因此，需要增加一个 8 位锁存器。在实际应用时，先把低 8 位地址送锁存器暂存，然后再由地址锁存器给系统提供低 8 位地址，而把 P0 口线作为数据线使用。

实际上，AT89C51 单片机的 P0 口的电路设计已考虑了这种应用要求，P0 口线内部电路中的多路转接电路 MUX 以及地址/数据控制就是为此目的而设计的。

（2）以 P2 口的口线作高位地址线。如果使用 P2 口的全部 8 位口线，再加上 P0 口提供的低 8 位地址，便可形成完整的 16 位地址总线，使单片机系统的寻址范围达到 64KB。

但在实际应用系统中，高位地址线并不固定为 8 位，需要用几位就从 P2 口中引出几条口线。

（3）控制信号线。除了地址线和数据线之外，在扩展系统中还需要一些控制信号线，以构成扩展系统的控制总线。这些信号有的是单片机引脚的第一功能信号，有的则是第二功能信号。其中包括：

1）使用 ALE 信号作为低 8 位地址的锁存控制信号。

2）以 $\overline{\text{PSEN}}$ 信号作为扩展程序存储器的读选通信号。

3）以 $\overline{\text{EA}}$ 信号作为内外程序存储器的选择控制信号。

4）以 $\overline{\text{RD}}$ 和 $\overline{\text{WR}}$ 信号作为扩展数据存储器和 I/O 口的读选通、写选通信号。

可以看出，尽管 AT89C51 单片机有 4 个并行的 I/O 口，共 32 条口线，但由于系统扩展的需要，真正作为数据 I/O 使用的，就剩下 P1 口和 P3 口的部分口线了。

8.2.5 读/写控制、地址空间分配和外部地址锁存器

1. 存储器扩展的读/写控制

外扩的 RAM 芯片既能读出又能写入，所以通常都有读/写控制引脚，记为 $\overline{\text{OE}}$ 和 $\overline{\text{WE}}$。外扩 RAM 的读/写控制引脚分别与 AT89C51 单片机的 $\overline{\text{RD}}$ 和 $\overline{\text{WR}}$ 引脚相连。

外扩的 EPROM 在正常使用中只能读出，不能写入，故 EPROM 芯片没有写入控制引脚，只有读出引脚，记为 $\overline{\text{OE}}$，该引脚与 AT89C51 单片机的 $\overline{\text{PSEN}}$ 引脚相连。

2. 存储器地址空间分配

在实际的单片机应用系统设计中，既需要扩展程序存储器，往往又需要扩展数据存储器。

在 AT89 系列单片机系统扩展多片的程序存储器、数据存储器芯片的情况下，如何把外部各自的 64KB 的空间分配给各个芯片，并且使程序存储器的各个芯片之间、数据存储器（I/O接口芯片也作为数据存储器一部分）各芯片之间，地址不能发生重叠，以使单片机读/写外部存储器时，避免发生数据冲突。这就是存储器的地址空间的分配问题。存储器的地址空间分配，实际上就是使用系统提供的地址线，通过适当连接，最终达到一个存储器单元只对应一个地址的要求。

AT89 系列单片机通过地址总线发出的地址来选择某一个存储器单元，在外扩的多片存储器芯片中，AT89 系列单片机要完成这种功能，必须进行两种选择：一是必须选中该存储器芯片（或 I/O 接口芯片），这称为片选。只有被"选中"的存储器芯片才能被 AT89 系列单片机读出或写入数据。二是必须选择出该芯片的某一单元，称为单元选择。为了芯片选择（片选）的需要，每个存储器芯片都有片选信号引脚，因此芯片的选择的实质就是如何通过 AT89 系列单片机的地址线来产生芯片的片选信号。

通常把单片机系统的地址笼统地分为低位和高位地址,存储器芯片的某一存储单元选择使用低位地址,剩下的高位地址才作为芯片选择使用,因此芯片的选择都是使用高位地址线。

实际上,在 16 位地址线中,高、低位地址线的数目并不是固定的,我们只是把用于存储单元选择所使用的地址线称为低位地址线,剩多少就有多少高位地址线。

存储器地址空间分配除了考虑地址线的连接外,还讨论各存储器芯片在整个存储空间中所占据的地址范围,以便在程序设计时正确地使用它们。

常用的存储器地址分配的方法有两种:线性选择法(简称线选法)和地址译码法(简称译码法),现在分别予以介绍。

(1)线选法。线选法就是直接利用系统的高位地址线作为存储器芯片(或 I/O 接口芯片)的片选信号。

为此,只需把用到的高位地址线与存储器芯片的片选端直接连接即可。线选法的优点是电路简单,不需要地址译码器硬件,体积小,成本低。缺点是可寻址的器件数目受到限制,故只用于不太复杂的系统中。另外,地址空间不连续,每一个存储单元的地址不唯一,这会给程序设计带来一些不方便。

(2)译码法。译码法就是使用译码器对 AT89 系列单片机的高位地址进行译码,译码器的译码输出作为存储器芯片的片选信号。这是一种最常用的存储器地址分配的方法,它能有效地利用存储器空间,适用于大容量多芯片的存储器扩展。译码电路可以使用现成的译码器芯片。最常用的译码器芯片有 74IS138(3—8 译码器),74LS139(双 2—4 译码器),74LS154(4—16 译码器),它们的 CMOS 芯片分别为 74HC138,74HC139,74HC154。它们使用灵活,完全可根据设计者的要求来组合译码,产生片选信号。若全部地址都参加译码,则称为全译码;若部分地址参加译码,则称为部分译码,部分译码存在着部分存储器地址空间相重叠的情况。

现在介绍几种常用的译码器芯片。

1)74LS138。74IS138 是一种 3—8 译码器,有 3 个数据输入端,经译码产生 8 种状态。其引脚如图 8.10 所示,译码功能见表 8.5。由表可见,当译码器的输入为某一个编码时其输出就有一个固定的引脚输出为低电平,其余的为高电平。

2)74IS139。74LS139 是一种双 2—4 译码器。这两个译码器完全独立,分别有各自的数据输入端、译码状态输出端以及数据输入允许端。其引脚如图 8.11 所示,真值表见表 8.6(只给出其中的一组)。

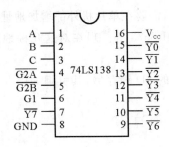

图 8.10　74LS138 的引脚

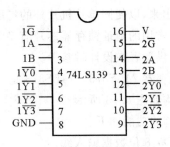

图 8.11　74LS139 引脚图

表 8.5　74LS138 真值表

输入						输出							
G1	$\overline{G2A}$	$\overline{G2B}$	C	B	A	$\overline{Y7}$	$\overline{Y6}$	$\overline{Y5}$	$\overline{Y4}$	$\overline{Y3}$	$\overline{Y2}$	$\overline{Y1}$	$\overline{Y0}$
1	0	0	0	0	0	1	1	1	1	1	1	1	0
1	0	0	0	0	1	1	1	1	1	1	1	0	1
1	0	0	0	1	0	1	1	1	1	1	0	1	1
1	0	0	0	1	1	1	1	1	1	0	1	1	1
1	0	0	1	0	0	1	1	1	0	1	1	1	1
1	0	0	1	0	1	1	1	0	1	1	1	1	1
1	0	0	1	1	0	1	0	1	1	1	1	1	1
1	0	0	1	1	1	0	1	1	1	1	1	1	1
其他状态			×	×	×	1	1	1	1	1	1	1	1

注:1 表示高电平,0 表示低电平,×表示任意。

表 8.6　74LS139 真值表

输入端			输出端			
允许	选择					
$\overline{G}$	B	A	$\overline{Y0}$	$\overline{Y1}$	$\overline{Y2}$	$\overline{Y3}$
1	×	×	1	1	1	1
0	0	0	0	1	1	1
0	0	1	1	0	1	1
0	1	0	1	1	0	1
0	1	1	1	1	1	0

3. 外部地址锁存器

AT89 系列单片机受引脚数的限制,数据线和地址线是复用的,由 P0 口线兼用。为了将它分离出来,以便同单片机片外的扩展芯片正确连接,需要在单片机外部增加地址锁存器。

目前,常用的地址锁存器芯片有 74LS373,8282,74LS573 等。现在对这几种地址锁存器进行介绍,供读者在设计时参考。

(1)锁存器 74LS373。74LS373 是一种带有三态门的 8D 锁存器,其引脚如图 8.12 所示。其内部结构如图 8.13 所示。

其引脚的功能如下:

D7~D0:8 位数据输入线。

Q7~Q0:8 位数据输出线。

G:数据输入锁存选通信号,高电平有效。当该信号为高电平时,外部数据选通到内部锁存器,负跳变时,数据锁存到锁存器中。

$\overline{OE}$:数据输出允许信号,低电平有效。当该信号为低电平时,三态门打开,锁存器中数据输出到数据输出线。当该信号为高电平时,输出线为高阻态。

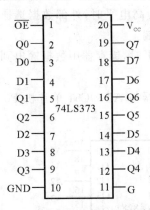

图 8.12　锁存器 74LS373 的引脚

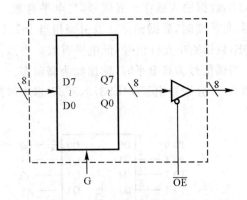

图 8.13　74LS373 的内部结构

74LS373 功能表见表 8.7。

表 8.7　74LS373 功能表

$\overline{OE}$	G	D	Q
0	1	1	1
0	1	0	0
0	0	×	不变
1	×	×	高阻态

(2)锁存器 8282。Intel8282 也是一种带有三态输出缓冲的 8D 锁存器,功能及内部结构与 74LS373 完全一样,只是其引脚的排列与 74LS373 不同。图 8.14 为 8282 的引脚图。

由图 8.14 可以看出,与 74LS373 相比,8282 的输入的 D 端和输出的 Q 端各依次排在两侧,这为绘制印刷电路板时的布线提供了方便。

图 8.14　8282 的引脚图

8282 各引脚的功能如下:

D7～D0:8 位数据输入线。

Q7～Q0:8 位数据输出线。

STB:数据输入锁存选通信号,高电平有效。当该信号为高电平时,外部数据选通到内部锁存器,负跳变时,数据锁存。该引脚相当于 74LS373 的 G 端。

$\overline{OE}$:数据输出允许信号,低电平有效。当该信号为低电平时,锁存器中数据输出到数据输出线。当该信号为高电平时,输出线为高阻态。

图 8.15 分别给出了 74LS373,8282 芯片作为地址锁存器与 AT89C51 单片机 P0 口的连接方法。

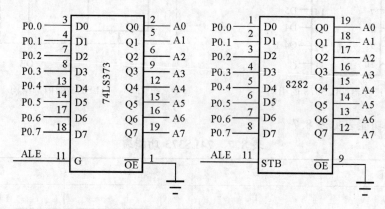

图 8.15　AT89C51 P0 口与地址锁存器的连接

(3)锁存器 74LS573。锁存器 74LS573 引脚的排列与 8282 类似,输入的 D 端和输出的 Q 端依次排在芯片的两侧,为绘制印刷电路板时的布线提供了方便。74LS573 的功能与 74LS373 相同,可参阅表 8.7,可用来替代 74LS373。74LS573 的引脚如图 8.16 所示。

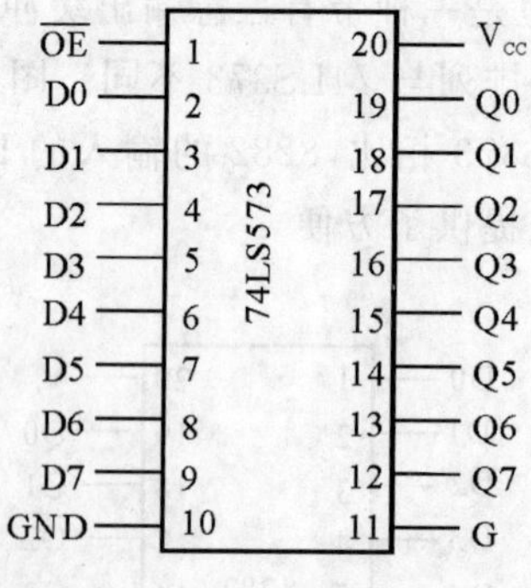

图 8.16　74LS573 的引脚

74LS573 各引脚的功能如下:

D7～D0:8 位数据输入线。

Q7～Q0:8 位数据输出线。

G:数据输入锁存选通信号,该引脚与 74LS373 的 G 端的功能相同。

$\overline{OE}$:数据输出允许信号,低电平有效。当该信号为低电平时,锁存器中数据输出到数据输出线。当该信号为高电平时,输出线为高阻态。

8.2.6　存储器的扩展

1. 扩展外部存储器的一般方法

(1)需要考虑解决的问题:总线连接、时序配合、驱动能力,这里侧重分析总线连接问题。

(2)存储器芯片的选择。

1)RAM——存储用户的调试程序、程序的中间运算结果及掉电时无需保护的 I/O 数据及参数等。

SRAM——与 CPU 连接简单,无需接口电路,在小型系统、智能仪表中采用。

DRAM——集成度高,但需刷新电路,与 CPU 的接口电路复杂,在需要存储大容量的系统中使用。

2)ROM——具有非易失性。

EPROM——存放系统监控程序,无需在线修改的参数。

EEPROM——数据、参数具有掉电保护要求的数据。

(3)总线连接。单片机扩展外部存储器包括扩展外部程序存储器和扩展外部数据存储器。

单片机外接程序存储器和数据存储器可以采用 ROM 与 RAM 各自独立编址,两者最大编址空间均为 64 KB,但数据存储器的地址空间有一部分要被单片机扩展的外部设备(I/O 端口)所占用。单片机与外部存储器芯片的连接方式采用三总线的连接。

1)地址线的连接。外部存储器的地址信号来自单片机的 P0 口和 P2 口。程序存储器的低 8 位通过一个锁存器与单片机的 P0 口相连,这是由于单片机的 P0 口是分时输出地址和数据,所以,为了把地址信息分离保存,使用一个锁存器将地址信号锁存起来。P0 口首先将输出的低 8 位地址由锁存器锁存起来,这样使 P0 口能再次送出数据信号。

锁存器一般使用 74LS373 芯片,用单片机的 ALE 信号下降沿控制锁存器的锁存。如果外接存储芯片内有锁存器,则将单片机的 P0 口直接与外部存储器的低 8 位相连就可以了,但为了保证正常工作,还需要将单片机的 ALE 信号与外部芯片的 ALE 引脚相连。

程序存储器的高 8 位(可能是不到 8 位)地址线直接与单片机的 P2 口相连。8031 的 P0 口和 P2 口一起,最大能提供 16 位地址编码。存储器所需要连接的地址线数目由存储器芯片容量决定。当存储器没有用足 16 根地址线时,余下的 P2 口线可作为片选控制线使用。

2)数据线的连接。AT89 系列单片机的数据线只能是 8 位,由 P0 口输出,直接将 P0 和外部存储器的数据线相连就可以了。

3)控制信号线的连接。存储器的控制信号线基本上分为两类:芯片选通控制和读/写控制。它们可以直接连接到 8031 相应的控制信号输出线上。

读/写控制:SRAM 的读/写控制信号($\overline{WE}$,$\overline{OE}$)应分别与 AT89C51 的 P3.6($\overline{WR}$)和 P3.7($\overline{RD}$)相连,EPROM 的读控制$\overline{OE}$应与 8031 的读选通$\overline{PSEN}$相连。

片选控制:单片机与外部器件的数据交换有一个重要原则:在同一时刻只能与一个外器件进行数据交换。为了唯一地选中外部某一存储单元,必须进行两种选择:首先 CPU 必须发出器件片选信号(接入$\overline{CE}$或$\overline{CS}$信号端)选择出该存储器芯片(或 I/O 接口芯片),称为片选;其次是选择出该芯片的某一存储单元(或 I/O 接口芯片的寄存器),称为字选。在 CPU 读操作和写操作时序的控制下,进行读/写操作的数据交换。

(4)片选。常用的选址方法有线选法和译码选通法。

1)线选法。若系统外扩的存储器芯片数目较少,一般都采用线选法。所谓线选法就是把单独的地址线接到某一个外接芯片的片选端。只要这一位地址线为低电平,就选中该芯片。

总之,直接与存储器芯片地址线相连的地址线用于分辨芯片内部的存储单元,而接入$\overline{\text{CS}}$端的地址线则把芯片在 64 KB 地址空间的位置确定下来。在编程时,通过 P0 口和 P2 口送出相应的地址信号,就能实现 CPU 对存储器的正确访问。

2)译码选通法。在外扩的存储器芯片数目较多时,就要用译码选通法。译码选通法用译码器对高位地址线进行译码,译出的信号作为片选信号,用低位地址线选择芯片的片内地址。这样,既充分利用了存储空间,又克服了空间分散的缺点。

最常用的译码器有 3−8 线译码器 74LS138,双 2−4 译码器 74LS139 等。它们使用灵活,完全可根据设计者的要求来组合译码,产生片选信号。

2.程序存储器的扩展

AT89C51 系列单片机访问片外程序存储器时,所用的控制信号如下:

ALE:地址锁存允许信号,通常接到地址锁存器的锁存信号端。

$\overline{\text{PSEN}}$:片外程序存储器"读选通"信号,通常接在外扩程序存储器的读允许端(如$\overline{\text{OE}}$端)。

$\overline{\text{EA}}$:单片机读片内或是读片外存储器的选择信号。如果$\overline{\text{EA}}=1$,访问片内程序存储器;若$\overline{\text{EA}}=0$,访问片外程序存储器。

此外,P0 口分时用作低 8 位地址总线和数据总线,P2 口用作高 8 位地址线。

例 8.1 图 8.17 中,EEPROM 2764 均为 8KB 容量,各自有 13 根地址线,P2.5~P2.7 为片选信号线,当 P2.5=0,P2.6,P2.7 均为 1 时,选中 1♯芯片,地址为 0C000H~0DFFFH;当 P2.6=0,P2.5,P2.7 均为 1 时,选中 2♯芯片,地址为 0A000H~0BFFFH;当 P2.7=0,P2.5,P2.6 均为 1 时,选中 3♯芯片,地址为 6000H~7FFFH,具体分析见表 8.8。

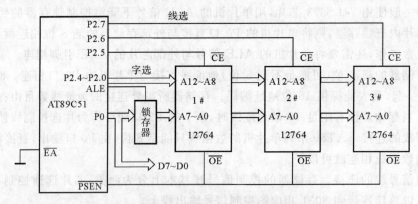

图 8.17 用线选法实现片选

表 8.8 例 8.1 各个存储器地址范围分析

	P2.7	P2.6	P2.5	P2.4~P0.0	芯片地址范围
1♯	1	1	0	×	0C000H~0DFFFH
2♯	1	0	1	×	0A000H~0BFFFH
3♯	0	1	1	×	6000H~7FFFH

例 8.2 图 8.18 中,P2.5~P2.7 为片选信号线,通过 74LS138 译码,当 P2.5,P2.6,

P2.7均为 0 时,选中 1♯芯片,地址为 0000H～1FFFH;当 P2.5＝1,P2.6,P2.7 均为 0 时,选中2♯芯片,地址为 2000H～3FFFH;这种电路可以扩展 8 块芯片。

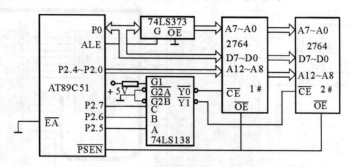

图 8.18　用译码选通法实现片选

3. 数据存储器的扩展方法

在 AT89 系列单片机中,片内数据存储器的容量一般为 128～256B,当数据量较大时,就需要在片外扩展 RAM 数据存储器,扩展容量最大可达 64KB。

单片机与数据存储器的连接方式和单片机与程序存储器的连接方式大致一样,即地址、数据线的连接与程序存储器的接法一样。

控制线的连接有些不同:存储器$\overline{OE}$端与单片机读允许信号$\overline{RD}$相连,存储器$\overline{WE}$端与单片机写允许信号$\overline{WR}$相连,ALE 的连接与程序存储器相同。

从以上可以看出,由于数据存储器的读和写由单片机的$\overline{RD}$和$\overline{WR}$控制,而程序存储器的读选通由$\overline{PSEN}$控制,故两者虽共有同一地址空间,也不会发生总线冲突。

例 8.3　图 8.19 为系统扩展 1 片 6264(8KB RAM)的最小化系统。图中地址锁存器采用 74LS373(三态输出 8D 锁存器),三态控制端$\overline{OE}$接地,保证输出常通,锁存控制端 G 与 ALE 相连。图中 6264 的片选端$\overline{CE}$接 P2.7,该 6264 所占的地址空间为 0000H～1FFFH。

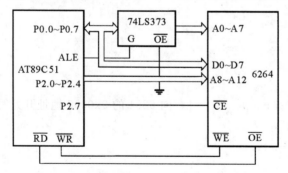

图 8.19　扩展 1 片 RAM 6264 连接图

8.3　项 目 实 现

8.3.1　硬件设计

选用 AT89C51 单片机,晶振频率为 12MHz,单片机先向存储器 6264 中写入整数 1～500,然后将其逆向复制到 0x0200 处。单片机存储器系统扩展如图 8.20 所示。

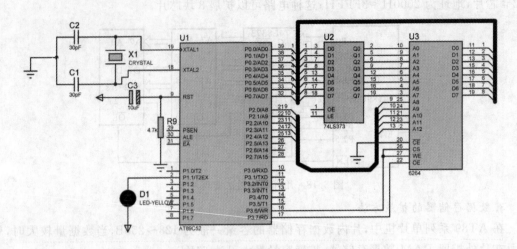

图 8.20　单片机存储器系统扩展图

8.3.2　软件编程

```
#include<reg51.h>
#include<absacc.h>
#define uchar unsigned char
#define uint unsigned int
sbit LED=P1^1;
//主程序
void main()
{
    uint i;
    LED=1;
    for(i=0;i<500;i++)        //向 6264 的 0x0000 地址开始写入 1～500
    {
        XBYTE[i]=i+1;
    }
    for(i=0;i<500;i++)        //将 6264 中的 1～500 逆向复制到 0x0200 开始处
    {
        XBYTE[i+0x0200]=XBYTE[499-i];
    }
    LED=0;                    //扩展内存数据处理完后 LED 点亮
    while(1);
}
```

8.3.3　仿真调试

利用 Keil C51 与 Proteus 软件进行联调,仿真结果如图 8.21 所示。

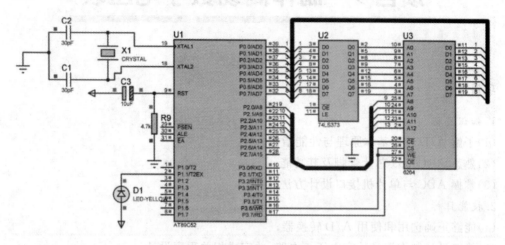

图 8.21　单片机存储器系统仿真结果

习题

1.半导体存储器共分哪几类？各有什么特点？作用是什么？

2.试述单片机扩展外部存储器的三总线连接方法。

3.在 AT89 系列单片机系统中,外接程序存储器和数据存储器共用 16 位地址线和 8 位数据线,为何不会发生冲突？

4.试编写一个程序(例如将 05H 和 06H 拼为 56H),设原始数据放在片外数据区 7001H 单元和 7002H 单元中,按顺序拼装后的单字节数放入 7002H。

5.编写程序,将外部数据存储器中的 5000H～50FFH 单元全部清零。

6.MCS-51 单片机外扩展一片 27256 存储器,画出系统电路原理图。

7.使用 89C51 芯片外扩 1 片 E²PROM 2864,要求 2864 兼作程序存储器和数据存储器,且首地址为 8000H。要求：

(1)确定 2864 芯片的末地址。

(2)画出 2864 片选端的地址译码电路。

(3)画出该应用系统的硬件连线图。

8.试画出 AT89C51 单片机扩展外部 2 片 6264 和 1 片 27256 存储器芯片的电路图,并说明各个芯片的存储单元的地址范围。

项目9 制作简易数字电压表

项目目标

1.知识目标
(1)了解 A/D 转换基本原理与性能指标;
(2)熟悉 ADC0809 芯片管脚及其功能;
(3)掌握 ADC 与单片机接口设计方法。
2.技能目标
(1)能够正确选用和使用 A/D 转换器;
(2)能够设计制作简易数字电压表电路,并完成相关程序设计;
(3)能够利用 Keil 和 Proteus 软件对 ADC 与单片机接口系统进行调试和电路仿真。

9.1 项目描述

选用 AT89C51 单片机,晶振频率为 12MHz,采用 ADC0808 模/数转换器,设计一个精确度为 0.1V 的一个 5V 数字电压表,通过调节 RV2,可以改变输出的电压大小,数码管同时显示输出电压的数字大小。

9.2 相关知识讲解

9.2.1 A/D 转换器基本知识

1.分类

A/D 转换器的功能是将输入模拟量转换为与其成比例的数字量。A/D 转换器根据其转换原理的不同,有计数式、双积分式、逐次逼近式及并行式 A/D 转换器,目前最常用的是双积分式和逐次逼近式。逐次逼近式 A/D 转换器是一种速度较快、精度较高的转换器,其转换时间大约在几微秒到几百微秒之间。常用的这类芯片有:

(1)ADC0801～ADC0805 型 8 位 MOS 型 A/D 转换器;
(2)ADC0808/0809 型 8 位 MOS 型 A/D 转换器;
(3)ADC0816/0817 型 8 位 MOS 型 A/D 转换器。

双积分式 A/D 转换器的主要优点为转换精度高,抗干扰性能好,价格便宜;缺点为转换速度较慢。因此这种转换器主要用于速度要求不高的场合。常用的产品有 ICL7106/ICL7107/ICL7126 系列、MC1443 以及 ICL7135 等。另一种常用的 A/D 转换器是逐次逼近式。

2. A/D 转换器的主要技术指标

(1)分辨率。分辨率反映转换器所能分辨的被测量的最小值。通常用输出二进制代码的位数来表示。例如 8 位 A/D 转换器的分辨率为 8 位，模拟电压的变化范围被分成 2^8-1 级 (255 级)；而 10 位 A/D 转换器分辨率为 10 位，模拟电压的变化范围被分成 $2^{10}-1$ 级(1023 级)。因此同样范围的模拟电压，用 10 位 A/D 转换器所能测量的最小值要比用 8 位 A/D 转换器测量的最小值小得多。

(2)精度。精度指的是转换的结果相对于实际的偏差，精度有 2 种表示方法。

1)绝对精度：用最低位(LSB)的倍数来表示，如 $\pm(1/2)$LSB 或 ±1LSB 等。

2)相对精度：用绝对精度除以满量程值的百分数来表示，如 $\pm0.05\%$ 等。

应当指出，分辨率与精度是两个不同的概念。同样分辨率的 A/D 转换器其精度可能不同。

可以说，分辨率高但精度不一定高，而精度高则分辨率必然也高。

(3)量程(满刻度范围)。量程是指输入模拟电压的变化范围。例如某转换器具有 10V 的单极性范围或 $-5\sim+5$V 的双极性范围，则它们的量程都为 10V。

应当指出，满刻度只是个名义值，实际的 A/D 转换器的最大输出值总是比满刻度值小 $1/2^n$，n 为转换器的位数。这是因为模拟量的 0 值是 2^n 个转换状态中的一个，在 0 值以上只有 2^n-1 个梯级。但按通常习惯，转换器的模拟量范围总是用满刻度表示。

(4)线性度误差。理想的转换器特性应该是线性的，即模拟量输入与数字量输出成线性关系。线性度误差是转换器实际的模拟数字转换关系与理想直线不同而出现的误差，通常用多少 LSB 表示。

(5)转换时间。从发出启动转换脉冲开始直至取得稳定的二进制代码所需的时间称为转换时间。转换时间与转换器工作原理及其位数有关。同种工作原理的转换器，通常位数越多，其转换时间则越长。

9.2.2　A/D 转换器的基本原理

在工业设备中的电压、温度、电流、速度、位移等关键测控量都是通过 A/D 转换实现的，只有将需要检测的连续变化的模拟量转换成对应离散的数字量，才能输入到单片机中进行处理，因此 A/D 转换部分是单片机控制系统中的一个非常重要的组成部分。

A/D 转换器把模拟量转化为与其大小成正比的数字量信号。根据不同的转换原理，A/D 转换器的种类很多，最常见的两种转换器是逐次逼近式和双积分式 A/D 转换器。下面分别介绍目前常用的 A/D 转换器的基本原理。

1. 逐次逼近式 A/D 转换器原理

逐次逼近转换的基本原理是用一个计量单位使连续量离散化，即用离散的计量单位与连续量相比较，把连续量变为离散计量单位的整数倍，略去小于计量单位的连续量部分，即得到离散后的数字量。这个离散的计量单位就是 A/D 转换器的分辨率，分辨率越小，A/D 转换器的精度就越高。

如图 9.1 所示为逐次逼近 A/D 转换器原理图，逐次逼近的原理实际上就是"逐位比较"。

逐次逼近 A/D 转换器由逐次逼近寄存器、逻辑控制电路、输出缓冲器、D/A 转换器和比较器等部分组成。逐次逼近寄存器用来存放转换的 N 位二进制数字量,当模拟量 U_i 送入比较器后,启动信号通过控制逻辑启动 A/D 转换。

启动 A/D 转换后,逐次逼近寄存器内是总转换值的一半,寄存器内容经过 D/A 转换器后得到一个模拟电压 U_s 与输入电压 U_i 进行比较。D/A 转换器的输入从最高位向最低位逐次置 1,当每次置 1 完毕,比较器就会产生一个输出,指示 D/A 转换器的输出电压是否比输入的模拟电压大。如果 D/A 转换器的输出电压大于输入的模拟电压,则比较器输出低电平,使存储该位的逐次逼近寄存器复位(清零);若是 D/A 转换器的输出比输入的模拟电压小,比较器输出高电平,则保留存储该位的逐次逼近寄存器数据。

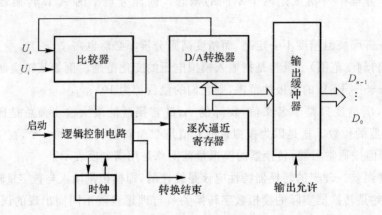

图 9.1　逐次逼近 A/D 转换器原理图

这样经过 N 次比较后,N 位寄存器的内容就是转换后的离散数字量数据。在输出允许信号有效的条件下,转换的数字量则可由外界读出口转换器从最高位开始,按此方法逐次比较,直至最低位后,转换结束。一个转换周期完成后,将逐次近似寄存器清零,开始下一次转换。

因此,逐次比较式 A/D 转换器完成每位数字的转换需要一个时钟周期,其转换时间取决于转换中数字位数 N 的多少以及转换时钟的频率。

最常用的逐次逼近式 A/D 转换器有 ADC0809,AD574A 等。

2. 双积分式 A/D 转换器原理

与逐次逼近式 A/D 转换器原理不同,双积分式 A/D 转换器采用了间接测量的原理。双积分式 A/D 转换器将被测量的电压值转化为时间的函数,通过测量时间常数得到未知电压值。

如图 9.2 所示为双积分式 A/D 转换器的原理图,一个完整的双积分式 A/D 转换器由电子开关、积分器、比较器、计数器、锁存器、控制逻辑等部分组成。

顾名思义,双积分式 A/D 转换器在进行 A/D 转换时需要进行两次积分,即定时积分和定电压积分。在定时积分阶段中,电容首先放电,积分器输出 0V 电压,计数器复位。随后电子开关 SW 接通输入模拟电压 U_{in},积分器的输出电压按照某个斜率向负方向线性变化。在积分器输出负电压的期间,比较器输出高电平,与门打开,计数器开始计数。

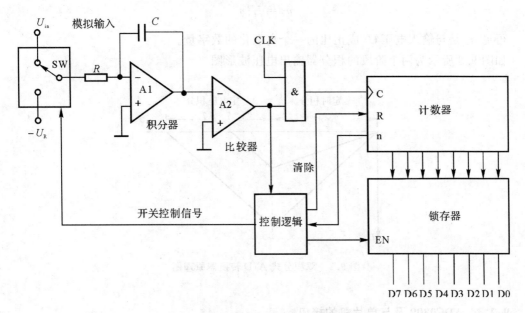

图 9.2　双积分式 A/D 转换器原理图

当计数器达到某个数 n,则控制逻辑计数器复位。这段时间结束时,积分器的输出电压为

$$U_1 = \frac{1}{C} \int_0^{T_1} -\frac{U_{in}}{R} dt = -\frac{T_1}{RC} U_{in}$$

然后进入定电压积分阶段,当控制逻辑使开关 SW 接通参考负电压,由于比较器还输出高电平,所以计数器复位后接着计数。这时积分器对负参考电压 U_R 积分,积分器的输出电压 U_1 不断升高,当积分器的输出大于 0V 时,比较器输出低电平。与门关闭,计数器停止计数,控制逻辑给出使能脉冲使计数器的计数值 n_x 存入锁存器,然后复位计数器开始下一次转换。

当积分器在对负参考电压 U_R 积分时,如果积分器的输出电压上升到 0V 时所需的时间为 T_2,则有

$$U_1 = \frac{1}{C} \int_0^{T_2} -\frac{U_R}{R} dt = -\frac{T_2}{RC} U_R$$

该电压为 0V 时计数器停止计数,则有

$$\frac{T_2}{RC} U_R = \frac{T_1}{RC} U_{in}$$

由上式得

$$T_2 = \frac{T_1}{U_R} U_{in}$$

由于第二阶段,计数器的计数值是 n_x,可令

$$T_2 = n_x T_C$$

则有

$$n_x T_C = \frac{n T_C}{U_R} U_{in}$$

最后得到

$$n_x = \frac{U_{in}}{U_R} n$$

可见 n_x 是与输入电压 U_i 成正比的一个离散化的数字量。

如图 9.3 所示为两个阶段的积分器输出电压波形图。

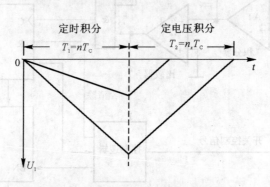

图 9.3　双积分式 A/D 转换器原理图

9.2.3　ADC0809 及与单片机的接口

1. 特性

ADC0809 是带有 8 位 A/D 转换器、8 路多路开关以及微处理机兼容的控制逻辑的 CMOS 组件,它是典型的 8 位逐次逼近式 A/D 转换器,可以和单片机直接接口。片内有 8 个通道,可对 8 路模拟电压量实现分时转换。ADC0809 的主要特性介绍如下。

(1)分辨率为 8 位。

(2)精度:ADC0809 小于 ±1LSB（ADC0808 小于 ±1/2LSB）。

(3)单电源 +5V 供电,参考电压由外部提供,模拟输入电压范围为 0～+5V。

(4)具有锁存控制的 8 路输入模拟选通开关。

(5)具有可锁存三态输出,输出电平与 TTL 电平兼容。

(6)功耗为 15mW。

(7)不必进行零点和满度调整。

(8)转换速度取决于芯片外接的时钟频率。时钟频率范围:10～1280kHz。典型值为时钟频率 640kHz,转换时间约为 $100\mu s$。

2. ADC0809 的内部逻辑结构

ADC0809 是典型的 8 位 8 通道逐次逼近式 A/D 转换器,+5V 单电源供电。在 640kHz 时钟频率下,每个通道的典型转换时间约为 $100\mu s$。总不可调误差为 ±1/2LSB+1LSB。芯片无需调 0 和调满刻度量程。该芯片很适合作为常用的控制器的 A/D 转换接口。ADC0809 由一个 8 路模拟开关、一个地址锁存与译码器、一个 A/D 转换器和一个三态输出锁存器组成。多路开关可选通 8 个模拟通道,允许 8 路模拟量分时输入,共用 A/D 转换器进行转换。三态输出锁存器用于锁存 A/D 转换完的数字量,当 OE 端为高电平时,才可以从三态输出锁存器取走转换完的数据。ADC0809 的内部逻辑结构如图 9.4 所示。

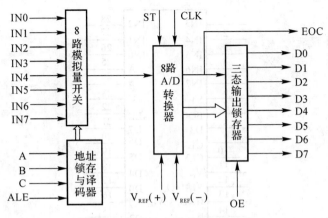

图 9.4　ADC0809 的内部逻辑结构

ADC0809 由三部分组成,即由 8 通道多路模拟开关、逐次逼近 A/D 转换器、三态输出锁存器组成。

(1)8 通道多路模拟开关。这部分由一个 8 通道多路模拟开关和一个地址锁存及译码器组成。IN0～IN7 是该多路模拟开关的输入引脚,要转换的模拟量通过它们输入芯片。C,B,A 是选通 8 通道多路模拟开关的三位地址线。ALE 是地址锁存信号引脚,在 ALE 信号的上升沿把 C,B,A 引脚上的地址锁存进地址锁存器,然后经地址译码器后选通相应的模拟输入通道,其对应关系见表 9.1。

表 9.1　ADC0809 通道选择表

C	B	A	选择的通道
0	0	0	IN0
0	0	1	IN1
0	1	0	IN2
0	1	1	IN3
1	0	0	IN4
1	0	1	IN5
1	1	0	IN6
1	1	1	IN7

(2)逐次逼近 A/D 转换器。这部分电路由比较器、逐次逼近寄存器 SAR、树状开关、256R 电阻阶梯网络和控制逻辑等单元组成。

(3)三态输出锁存器。锁存 A/D 转换结果,并输出。

ADC0809 芯片为 28 引脚双列直插式封装,引脚图如图 9.5 所示。

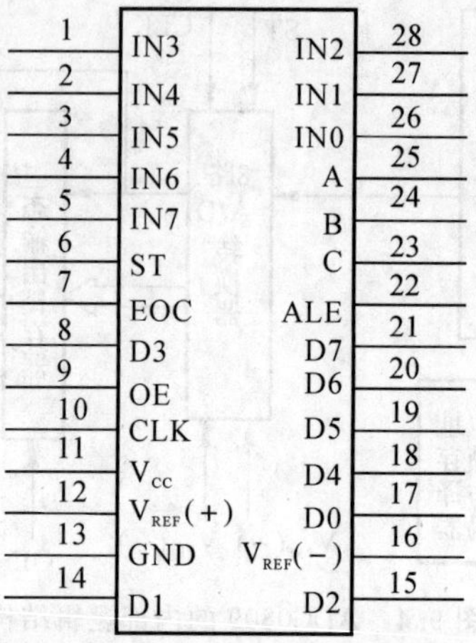

图 9.5　ADC0809 的引脚图

其中：

IN7～IN0：模拟量输入通道。ADC0809 对输入模拟量的要求主要有：信号单极性，电压范围为 0～5V，若信号过小还需要放大。另外在 A/D 转换过程中，模拟输入量的值不应变化太快，因此，对变化速度太快的模拟量，在输入前应增设采样保持电路。

A，B，C：模拟通道地址线。A 为低地址，C 为高地址，用于对模拟通道进行选择。

D7～D0：数据输出线。

OE：输出允许信号。用于控制三态输出锁存器向单片机输出转换得到的数据。OE＝0，输出数据线呈高电阻；OE＝1，输出转换得到的数据。

CLK：时钟信号。ADC0809 内部没有时钟电路，所需时钟信号由外界提供。最高允许值为 640kHz。

EOC：转换结束状态信号。EOC＝0 时，正在进行转换；EOC＝1 时，转换结束。该状态信号既可作为查询的状态标志，又可作为中断请求信号使用。

V_{CC}：＋5V 电源。

V_{ref}：参考电压。参考电压用来与输入的模拟信号进行比较，作为逐次逼近的基准，其典型值为＋5V(V_{REF}(＋)＝＋5V，V_{REF}(－)＝0V)。

ADC0809 对输入模拟量要求：信号单极性，电压范围是 0～5V，若信号太小，必须进行放大；输入的模拟量在转换过程中应该保持不变，若模拟量变化太快，则需在输入前增加采样保持电路。

ALE：地址锁存信号。高电平有效，当 ALE 线为高电平时，地址锁存与译码器将 A，B，C 三条地址线的地址信号进行锁存，经译码后被选中的通道的模拟量进入转换器进行转换。A，B 和 C 为地址输入线，用于选通 IN0～IN7 上的一路模拟量输入。通道选择表见表 9.1。

ST：转换启动信号。当 ST 上跳沿时，所有内部寄存器清零；下跳沿时，开始进行 A/D 转换；在转换期间，ST 应保持低电平。EOC 为转换结束信号。当 EOC 为高电平时，表明转换结束；否则，表明正在进行 A/D 转换。OE 为输出允许信号，用于控制 3 条输出锁存器向单片机输出转换得到的数据。OE＝1,输出转换得到的数据;OE＝0,输出数据线呈高阻状态。D7～D0 为数字量输出线。

3. ADC0809 应用说明

(1)ADC0809 内部带有输出锁存器,可以与 AT89S51 单片机直接相连。

(2)初始化时,使 ST 和 OE 信号全为低电平。

(3)送要转换的那一通道的地址到 A,B,C 端口上。

(4)在 ST 端给出一个至少有 100ns 宽的正脉冲信号。

(5)是否转换完毕,根据 EOC 信号来判断。

(6)当 EOC 变为高电平时,使 OE 为高电平,转换的数据就输出给单片机了。

4. ADC0809 与单片机的接口

ADC0809 与单片机的接口主要有两种,一种是将 A/D 转换器当作单片机系统外部数据存储器的单元,统一编址,8 个通道分别分配 8 个地址,对存储器进行写操作就是启动 A/D 转换,对存储器进行读操作就是读取 A/D 转换结果,电路连接图如图 9.6 所示。这样,IN0～IN7 通道的地址分别为 FE00H～FE07H。另一种方法是对 ADC0809 的控制引脚独立控制,使用程序模拟其引脚时序,达到控制目的,这种电路接法请参考本节项目实施部分。

值得说明的是,对于前一种接法,硬件接法较为复杂,但程序相对简单。

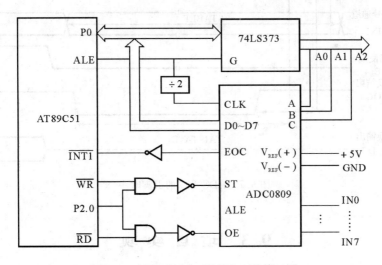

图 9.6　AT89C51 与 ADC0809 的接口图

5. ADC0809 的接口时序及工作过程

(1)ADC0809 的工作时序。ADC0809 各控制引脚的时序如图 9.7 所示。

图中,转换时钟 CLK 为周期不小于 $100\mu s$ 的方波信号。若 ADC0809 与单片机的接口采用统一编址的方法,则各引脚的时序在使用 MOVX 指令时自动满足。若不是此种接法,则要通过指令来模拟,以保证 A/D 转换器的正确转换。

(2)工作过程。

1)首先确定 A,B,C 三位地址,从而选择模拟信号由哪一路输入。

2)ALE 端接收正脉冲信号,选择模拟信号由哪一路输入。

3)CLK 端接收 500kHz~1MHz 的脉冲信号,START 端接收正脉冲信号,START 的上升沿将逐次逼近寄存器复位,下降沿启动 A/D 转换。

4)EOC 输出信号变低,表示转换正在进行。

5)A/D 转换结束,EOC 变为高电平,表示 A/D 转换结束。此时,数据已保存到 8 位三态输出锁存器中。CPU 可以通过使 OE 信号为高电平,打开 ADC0809 三态输出,将转换后的数字量送至 CPU。

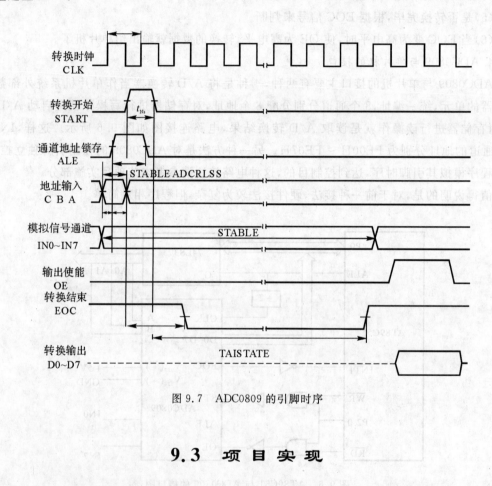

图 9.7　ADC0809 的引脚时序

9.3　项目实现

9.3.1　硬件设计

选用 AT89C51 单片机,晶振频率为 12MHz,采用 ADC0808 模/数转化器,设计一个精确度为 0.1V 的一个 5V 数字电压表,通过调节 RV2,可以改变输出的电压大小,数码管同时显示输出电压的数字大小(1 代表 0.1V,10 代表 1V)。数字电压表如图 9.8 所示。

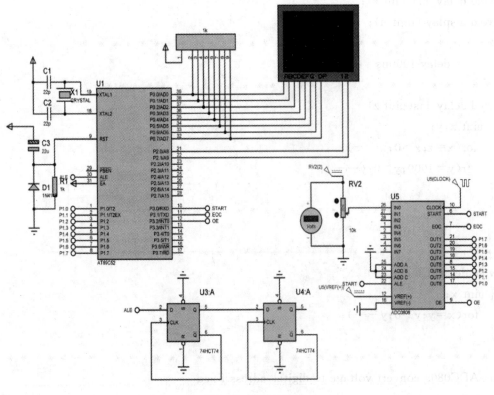

图 9.8 数字电压表

9.3.2 软件编程

```
/ * * * * * * * * * * * * * * * * * * * * * * * * * * * * * * * * * * * * *
function：
adc0809 convert analog voltage to digital
at89c52 accomplish digital count
display voltage value
* * * * * * * * * * * * * * * * * * * * * * * * * * * * * * * * * * * * * * * /
♯include＜reg52.h＞//包含命令,包含 51 单片机的特殊功能寄存器
♯define uint unsigned int //宏定义,用 uint 表示无符号整型变量
♯define uchar unsigned char//宏定义,用 uchar 表示无符号字符型变量
sbit START＝P3^0;
sbit EOC＝P3^1;
sbit OE＝P3^2;
uchar test;
uchar code table[]＝{0x3f,0x06,0x5b,0x4f,0x66,0x6d,0x7d,0x07,0x7f,0x6f};
//uchar code table[]＝{0x3f,0x06,0x5b,0x4f,0x66,0x6d,0x7d,0x07,0x7f,0x6f};
uint ten,single; dig,temp;
```

```
void delay_ms(uint z);
void display (uint n);
/* * * * * * * * * * * * * * * * * * * * * * * * * * * * *
        delay 1000us
* * * * * * * * * * * * * * * * * * * * * * * * * * * * * * */
void delay_ms(uint z)
{ uint x,y;
    for(x=z;x>0;x--);
    for(y=1000;y>0;y--);
}
/* * * * * * * * * * * * * * * * * * * * * * * * * * * * *
        delay 1us
* * * * * * * * * * * * * * * * * * * * * * * * * * * * * */
void delay_us(uint y )
{ uint x;
    for(x=y;y>0;y--);
}
/* * * * * * * * * * * * * * * * * * * * * * * * * * * * * * * *
    ADC0809 convert voltage to digital,adress fixed
* * * * * * * * * * * * * * * * * * * * * * * * * * * * * * * * * * */
void adc0809_convert()
{
    EOC=1;
    START=0;//start convertor
    START=1;
    START=0;
    delay_us(200);
    while(! EOC);
    OE=1;
    delay_us(5);
    dig=P1;
    delay_us(5);
    OE=0;
}


/* * * * * * * * * * * * * * * * * * * * * * * * * * *
    display voltage   这个程序要注意不要让乱闪。
* * * * * * * * * * * * * * * * * * * * * * * * * * * * * */
void display (uint n)
```

```
{
    ten＝n/10;
single＝n％10;
P2＝0xff; //closed display
    if((P0＝table[ten])＝＝0x3f)
  P2＝0xff;
else
  {P2＝0xfe;
  P0＝table[ten];
  }
    delay_ms(1);
P2＝0xfd;
    P0＝table[single];
    delay_ms(1);
}


/* * * * * * * * * * * * * * * * * * * * * * * * * * * * * *
count
* * * * * * * * * * * * * * * * * * * * * * * * * * * * * * * */
void count_temp(uint z)
{
uint temp1;
temp＝(100 * z)/255;
temp1＝(100 * z)％255;
if(temp1＞＝123)temp＋＋;
}


/* * * * * * * * * * * * * * * * * * * * * * * * * * * * * *
lead program
* * * * * * * * * * * * * * * * * * * * * * * * * * * * * * * */
void main()
{
int value＝0;

  while(1)
  {
    if(value＋＋＝＝20)
  {adc0809_convert();
  count_temp(dig);
```

```
        value=0;
    }
    display(temp);
}
}
```

9.3.3 仿真调试

利用 Keil C51 与 Proteus 软件进行联调,仿真结果如图 9.9 所示。

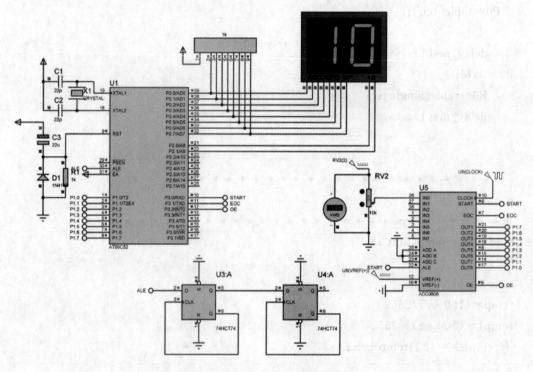

图 9.9　数字电压表仿真结果

习题

1.简述 ADC0809 的特性。

2.A/D 转换器的作用是什么?主要应用在什么场合?

3.A/D 转换器有哪些主要性能指标?

4.ADC0809 的时钟如何提供?通常采用的频率是多少?

5.请分析 A/D 转换器产生量化误差的原因,具有 8 位分辨率的 A/D 转换器,当输入 0～5V 电压时,其最大量化误差是多少?

6.决定 ADC0809 模拟电压输入路数的引脚是哪几条?

7.设计一个 AT89C51 单片机组成的 8 路模拟信号循环数据采集系统,要求 ADC0809 的端口地址为 DFFH,采用中断工作方式,并将采集结果存入内部 4H 开始的 RAM 单元中(单片机的晶振频率为 12MHz)。

项目 10　制作简易波形发生器

项目目标

1.知识目标

(1)了解 D/A 转换器基本原理和转换性能;

(2)熟悉 DAC0832 的管脚功能、特点与应用;

(3)掌握 DAC0832 与单片机的接口电路设计;

(4)掌握 D/A 转换程序设计方法。

2.技能目标

(1)能正确识别 DAC0832 各管脚并完成 DAC0832 与单片机接口电路的设计;

(2)能够完成 DAC0832 与单片机接口程序设计;

(3)能熟练用 Keil 和 Proteus 软件对设计的 DAC 接口系统进行调试、仿真。

10.1　项　目　描　述

选用 AT89C51 单片机,晶振频率为 12MHz,采用 DAC0832 作为 D/A 转换器,设计一个正弦波发生器。

10.2　相关知识讲解

10.2.1　D/A 转换器基本知识

1.D/A 转换器基本原理

D/A 转换器是将数字量转换为模拟量的器件。它的目的就是把数字信号变成模拟信号。D/A 转换器的基本原理是将输出的模拟信号分解成一连串的小台阶(不连续量),台阶的级数由所转换数据的位数决定。数字量的值是由每一位的数字权叠加而得的。D/A 转换器品种繁多,有权电阻 DAC、变形权电阻 DAC、T 型电阻 DAC、电容型 DAC 和权电流 DAC 等。

假如我们想把四位二进制数变成 0~5V 的模拟信号输出,那么,首先应该建立一个真值表,把所有可能出现的情况写入真值表,见表 10.1,有四位二进制数(D, C, B, A)。

如果二进制数为 0000,则输出模拟电压为 0 V;如果二进制数为 0001,则输出模拟电压为 0.312 5V;如果二进制数为 0010,则输出模拟电压为 0.625V;如果二进制数为 1111,则输出模拟电压为 4.687 5V。从表中可以看出,利用四位二进制数作为数字数据输入,其输出模拟变量的每一排递增 0.312 5 V。这样就把四位二进制数的 16 个数字量转换为了 0~4.687 5 V 的模拟量。这里须注意的是,输出的最大电压不足 5V,其误差为 0.312 5 V。

转换误差的大小与所使用的二进制数的位数有关,二进制数的位数越多,转换误差越小。

表 10.1　4 位 D/A 转换器真值表

台阶数	数字量输入				模拟量输出/V
	D	C	B	A	
1	0	0	0	0	0
2	0	0	0	1	0.312 5
3	0	0	1	0	0.625
4	0	0	1	1	0.937 5
5	0	1	0	0	1.25
6	0	1	0	1	1.562 5
7	0	1	1	0	1.875
8	0	1	1	1	2.187 5
9	1	0	0	0	2.5
10	1	0	0	1	2.812 5
11	1	0	1	0	3.125
12	1	0	1	1	3.437 5
13	1	1	0	0	3.75
14	1	1	0	1	4.062 5
15	1	1	1	0	4.375
16	1	1	1	1	4.687 5

2.二进制加权阶梯电路

二进制加权阶梯电路是最简单的 D/A 转换器之一。输入的每个二进制位都控制着一个固态电门,该固态电门用同一个基准电压(U_R)连到相应的二进制加权电阻,或者把地与相应的二进制加权电阻相连,如图 10.1 所示。放大器是一个简单的电流/电压转换器(比例放大器)。其输出电压 U_o 与 $\dfrac{R_F}{R}$ 成正比。U_o 的计算公式推导如下:

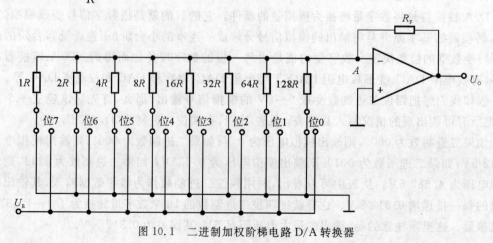

图 10.1　二进制加权阶梯电路 D/A 转换器

根据运算放大器的基础知识,在图 10.1 中,A 点为"虚地",如果位置使能端全为"1",则有

$$\frac{U_R}{R}+\frac{U_R}{2R}+\frac{U_R}{4R}+\frac{U_R}{8R}+\frac{U_R}{16R}+\frac{U_R}{32R}+\frac{U_R}{64R}+\frac{U_R}{128R}=-\frac{U_O}{R}$$

经过整理可得

$$U_O=-\left[1+\frac{1}{2}+\frac{1}{4}+\frac{1}{8}+\frac{1}{16}+\frac{1}{32}+\frac{1}{64}+\frac{1}{128}\right]\frac{U_R R_F}{R}$$

考虑到 0~7 个使能端位置的具体情况,再忽略上式中的"－"号,则可以得到下面的计算公式,有

$$U_O=-\left[1(位\ 7)+\frac{1}{2}(位\ 6)+\frac{1}{4}(位\ 5)+\frac{1}{8}(位\ 4)+\frac{1}{16}(位\ 3)+\right.$$
$$\left.\frac{1}{32}(位\ 2)+\frac{1}{64}(位\ 1)+\frac{1}{128}(位\ 0)\right]\frac{U_R R_F}{R}$$

通过上述公式,可以得到下面的一般公式:

$$U_O=\left[\frac{1}{2^0}(位\ n-1)+\frac{1}{2^1}(位\ n-2)+\cdots+\frac{1}{2^{n-1}}(位\ 0)\right]\frac{U_R R_F}{R}$$

注意:式中 n 表示数字信号的位数。

3.R－2R 阶梯网络

R－2R 阶梯网络是另一种 D/A 转换器,如图 10.2 所示。由输入的每个二进位数控制各固态电门,使它要么与基准电压(U_R)相连,要么与地相连。阶梯网络由电阻 R 和 2R(不是二进制的加权电阻)组成。在这种电阻网络中,只有两种阻值的电阻,从而避免了电阻取值上的麻烦。由于这种电阻网络不再取决于电阻的绝对值,而是取决于电阻之间的相对值,所以容易采用集成电路实现(例如采用 CMOS 技术)。其输出电压 U_O 的计算公式推导如下。

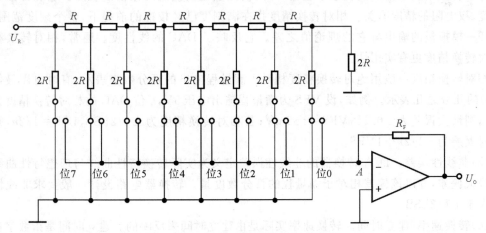

图 10.2　R－2R 阶梯网络 D/A 转换器

在图 10.2 中,如果位置使能端全为"1",则有

$$\frac{I}{2}+\frac{I}{4}+\frac{I}{8}+\frac{I}{16}+\frac{I}{32}+\frac{I}{64}+\frac{I}{128}+\frac{I}{256}=-\frac{U_O}{R}$$

而 $I=\dfrac{R_F}{R}$,因为梯形电阻网络的总等效电阻为 R,所以

$$U_O = -\left[\frac{1}{2} + \frac{1}{4} + \frac{1}{8} + \frac{1}{16} + \frac{1}{32} + \frac{1}{64} + \frac{1}{128} + \frac{1}{256}\right]\frac{U_R R_F}{R}$$

考虑到 0～7 个使能端位置的具体情况,再忽略上式中的"一"号,则可以得到下面的计算公式:

$$U_O = -\left[\frac{1}{2}(位7) + \frac{1}{4}(位6) + \frac{1}{8}(位5) + \frac{1}{16}(位4) + \frac{1}{32}(位3) + \right.$$
$$\left.\frac{1}{64}(位2) + \frac{1}{128}(位1) + \frac{1}{256}(位0)\right]\frac{U_R R_F}{R}$$

通过上式可以得到一般公式为

$$U_O = -\left[2^{-1}(位\,n-1) + 2^{-2}(位\,n-2) + \cdots + 2^{-n}(位0)\right]\frac{U_R R_F}{R}$$

注意:式中 n 表示数字信号的位数。

4. D/A 转换器主要性能指标

(1)分辨率。分辨率是指最小输出电压(对应于输入数字量最低位增 1 所引起的输出电压增量)和最大输出电压(对应于输入数字量所有有效位全为 1 时的输出电压)之比,例如,4 位 DAC 的分辨率为 1/(24－1)＝1/15＝6.67%(分辨率也常用百分比来表示),8 位 DAC 的分辨率为 1/255＝0.39%。显然,位数越多,分辨率越高。

(2)转换精度。如果不考虑 D/A 转换的误差,DAC 转换精度就是分辨率的大小,因此,要获得高精度的 D/A 转换结果,首先要选择有足够高分辨率的 DAC。

D/A 转换精度分为绝对和相对转换精度,一般是用误差大小表示。DAC 的转换误差包括零点误差、漂移误差、增益误差、噪声和线性误差、微分线性误差等综合误差。

绝对转换精度是指满刻度数字量输入时,模拟量输出接近理论值的程度。它和标准电源的精度、权电阻的精度有关。相对转换精度指在满刻度已经校准的前提下,整个刻度范围内,对应任一模拟量的输出与它的理论值之差。它反映了 DAC 的线性度。通常,相对转换精度比绝对转换精度更有实用性。

相对转换精度一般用绝对转换精度相对于满量程输出的百分数来表示,有时也用最低位(LSB)的几分之几表示。例如,设 VFS 为满量程输出电压 5V,n 位 DAC 的相对转换精度为 ±0.1%,则最大误差为 ±0.1%VFS＝±5mV;若相对转换精度为 ±1/2LSB,LSB＝1/2n,则最大相对误差为 ±1/2n+1VFS。

(3)非线性误差。D/A 转换器的非线性误差定义为实际转换特性曲线与理想特性曲线之间的最大偏差,并以该偏差相对于满量程的百分数度量。转换器电路设计一般要求非线性误差不大于 ±1/2LSB。

(4)转换速率/建立时间。转换速率实际是由建立时间来反映的。建立时间是指数字量为满刻度值(各位全为 1)时,DAC 的模拟输出电压达到某个规定值(比如,90% 满量程或 ±1/2LSB 满量程)时所需要的时间。

建立时间是 D/A 转换速率快慢的一个重要参数。很显然,建立时间越大,转换速率越低。不同型号 DAC 的建立时间一般从几纳秒到几微秒不等。若输出形式是电流,DAC 的建立时间是很短的;若输出形式是电压,DAC 的建立时间主要是输出运算放大器所需要的响应时间。

10.2.2　DAC0832 与单片机接口技术

1. DAC0832 简介

DAC0832 为一款常用的 8 位 D/A 转换器,单电源供电,在 +5～+15V 范围内均可正常工作。基准电压的范围为 ±10V,电流建立时间为 1μs,CMOS 工艺,低功耗 20mW。其内部逻辑结构如图 10.3 所示。

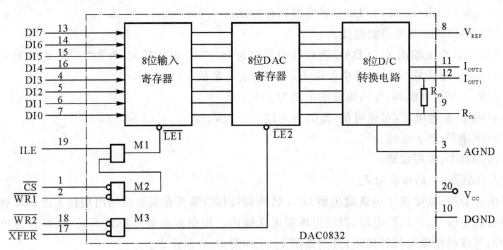

图 10.3　DAC0832 内部逻辑结构图

2. DAC0832 引脚图

DAC0832 芯片为 20 引脚双列直插式封装,引脚图如图 10.4 所示。

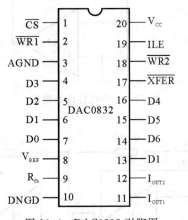

图 10.4　DAC0832 引脚图

其中,各引脚的功能如下:

(1)DAC0832 与 CPU 的连线。

1)D7～D0:转换数据输入端。

2)$\overline{CS}$:片选信号,输入,低电平有效。

3)ILE:数据锁存允许信号,输入,高电平有效。

4)$\overline{\text{WR1}}$：写信号1，输入，低电平有效。

上述两个信号控制输入寄存器，当 ILE＝1 和 $\overline{\text{WR1}}$＝0 时，为输入寄存器直通方式；当 ILE ＝1 和 $\overline{\text{WR1}}$＝1 时，为输入寄存器锁存方式。

5)$\overline{\text{WR2}}$：写信号2，输入，低电平有效。

6)$\overline{\text{XFER}}$：数据传送控制信号，输入，低电平有效。

上述两个信号控制 DAC 寄存器，当 $\overline{\text{WR2}}$＝0 和 XFER＝0 时，为 DAC 寄存器直通方式；当 $\overline{\text{WR2}}$＝1 和 $\overline{\text{XFER}}$＝0 时，为 DAC 寄存器锁存方式。

（2）DAC0832 与外设的连线。

1)I_{OUT1}：电流输出1，当 DAC 寄存器中各位为全"1"时，电流最大；为全"0"时，电流为0。

2)I_{OUT2}：电流输出2，电路中保证 $I_{\text{OUT1}}+I_{\text{OUT2}}$＝常数。

3)R_{FB}：反馈电阻端，片内集成的电阻为15kΩ。

4)V_{REF}：参考电压，可正可负，范围为－10～＋10V。

5)DGND：数字量地。

6)AGND：模拟量地。

3. DAC0832 的输出形式

由于 DAC0832 属于电流输出型 D/A 转换器，因此，需要在其电流输出端加上由运算放大器组成的电流/电压转换电路，以获得模拟电压输出。根据输出电压形式不同，又可分为单极性输出与双极性输出两种接法，分别如图 10.5 和图 10.6 所示。

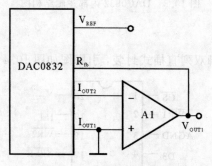

图 10.5　单极性输出接法

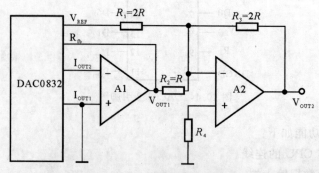

图 10.6　双极性输出接法

单极性输出接法中，输入数字量与输出模拟电压间的关系为

$$U_O = -V_{REF} \frac{D_i}{2^n}$$

其中 n 为 D/A 转换器的位数，D_i 为输入数字量。对于 DAC0832，$n=8$，则有

$$U_O = -V_{REF} \frac{D_i}{256}$$

双极性输出接法中，输入数字量与输出模拟电压间的关系为

$$U_O = V_{REF} \frac{D_i - 128}{128}$$

4. DAC0832 与单片机的接口方法

DAC0832 与单片机的接口方法主要有直通、单缓冲与双缓冲等 3 种连接方式。直通式接法结构较简单。

(1)直通方式。直通方式是不经两级锁存器锁存，即 $\overline{WR1}$，$\overline{WR2}$，$\overline{XFER}$，$\overline{CS}$ 均接地，ILE 接高电平。此方式适用于连续反馈控制线路，不过在使用时，必须通过另加 I/O 接口与 CPU 连接，以匹配 CPU 与 D/A 转换。

(2)单缓冲方式。单缓冲方式是控制输入寄存器和 DAC 寄存器同时接收数据，或者只用输入寄存器而把 DAC 寄存器接成直通方式。这种方式就是使 DAC0832 的两个输入寄存器中有一个处于直通方式，而另一个处于受控的锁存方式，也可使两个寄存器同时选通及锁存。典型连接方法如图 10.7 所示，通常把 $\overline{XFER}$ 和 $\overline{WR2}$ 接地，使 DAC 寄存器为直通，每次对 DAC0832 进行写操作（ILE，$\overline{CS}$ 和 $\overline{WR1}$ 同时有效），都直接传递进了 DAC 寄存器。在实际应用中，如果只有一路模拟量输出，或虽有几路模拟量但并不要求同步输出时，就可采用单缓冲方式。

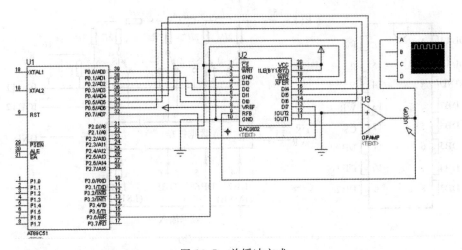

图 10.7　单缓冲方式

(3)双缓冲方式。所谓双缓冲方式，就是先使输入寄存器接收数据，再控制输入寄存器的输出数据到 DAC 寄存器，即分两次锁存输入数据。就是把 DAC0832 的两个锁存器都接成受控锁存方式。该方式可用于同时输出多路模拟量。如图 10.8 所示，可以将两路模拟输出接示波器，实现绘图功能。其工作原理是，先将 X 路模拟输出对应的数字量送入第 1 片 D/A 转换器的输入寄存器进行锁存，接着将 Y 路模拟输出对应的数字量送入第 2 片 D/A 转换器的输

入寄存器进行锁存,最后同时选通两片 D/A 转换器的 DAC 寄存器。

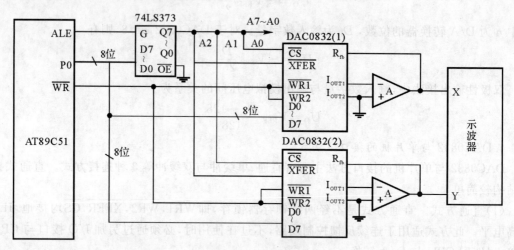

图 10.8 双缓冲方式

10.2.3 D/A 转换器 TLC7524

TLC7524 是 8 位数/模转换器,它的引脚及内部结构如图 10.9 所示。TLC7524 可方便与大多数通用微处理器接口。TLC7524 具有输入锁存以及与随机存取存储器写周期相类似的读/写时序。TLC7524 可提供 $\frac{1}{2}$ LSB 的精度,其功耗典型值小于 5mW,工作电压为 5~15V。

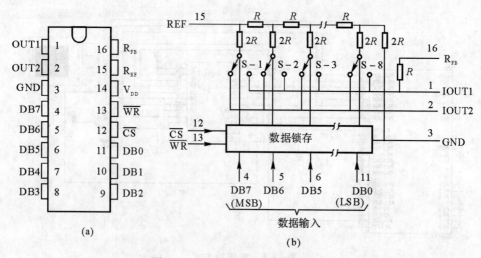

图 10.9 TLC7524 引脚及内部结构

TLC7524 可以以电压方式输出。在电压方式输出下,固定电压加在电流输出端,于是在基准电压端便有模拟输出电压可供使用。图 10.10 中 TLC7524 工作在电压方式输出。

TLC7524E 和 TLC7524 是 8 位乘法 DAC,由反相 R-2R 梯形网络、模拟开关和数据输入锁存器 3 部分组成。二进制加权电流在 OUT1 和 OUT2 总线之间切换,于是在每一梯形网络分支内保持恒定的电流而与开关状态无关。高阶位被译码,这些译码后的位,通过 R-2R 梯

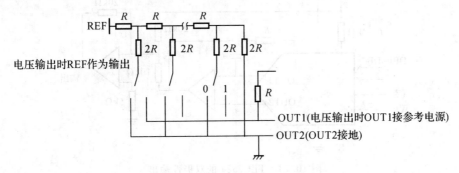

形网络的变换,控制三个等权的电流源。大多数应用中要求外加运算放大器和电压基准。

图 10.10　TLC7524 的电压方式输出

这些器件可以用电压方式实现电流乘 DAC。在电压方式下,固定电压加在电流输出端。于是在基准电压端便有模拟输出电压可供使用。TLC7524 的接口时序如图 10.11 所示。

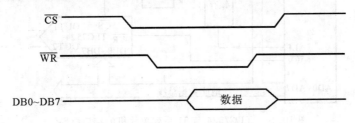

图 10.11　TLC7524 的接口时序

图 10.11 中,$\overline{CS}$信号或$\overline{WR}$信号变为高电平时,DB0～DB7 输入端上的数据被锁存,直到$\overline{CS}$和$\overline{WR}$信号再次变为低电平为止。当$\overline{CS}$为高电平时,不管$\overline{WR}$信号的状态如何,数据输入均被禁止。

TLC7524E 和 TLC7524 还能实现二象限或四象限乘法。二象限或四象限乘法电路如图10.12 和图 10.13 所示。

TLC7524 与 51 系列单片机的接口电路如图 10.14 所示。

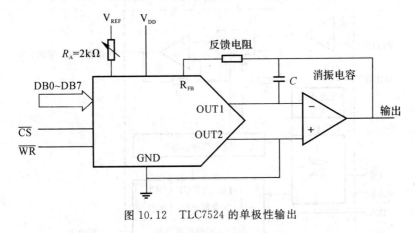

图 10.12　TLC7524 的单极性输出

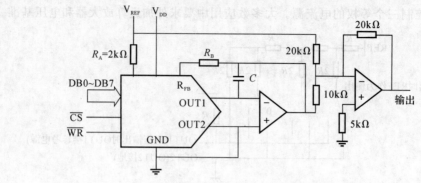

图 10.13　TLC7524 的双极性输出

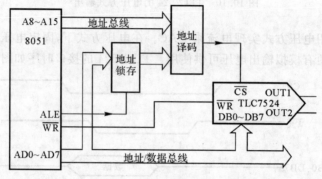

图 10.14　TLC7524 与 51 系列单片机的接口电路

10.2.4　D/A 转换器 TLC5615

TLC5615 是带有缓冲基准输入（高阻抗）的 10 位电压输出数/模转换器。该数/模转换器具有满量程输出电压是基准电压两倍、线性度好、使用简单、单一 +5V 电源供电、器件内具有上电复位电路、TLC5615 通过 3 线串行总线和微处理器接口等优点。器件接收 16 位数据字以产生模拟输出。内部结构及引脚如图 10.15 和图 10.16 所示。

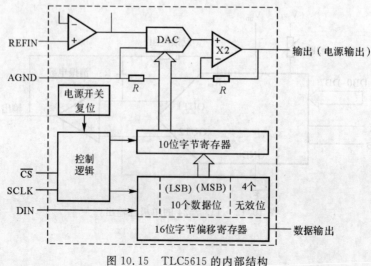

图 10.15　TLC5615 的内部结构

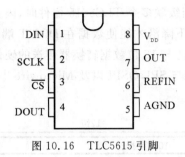

图 10.16　TLC5615 引脚

各引脚说明见表 10.2。

表 10.2　TLC5615 引脚说明

引　脚		说　明
名　称	序　号	
DIN	1	串行数据输入
SCLK	2	串行时钟输入
CS	3	芯片选择,低电平有效
DOUT	4	串行数据输出
AGND	5	模拟地
REFIN	6	基准输入
OUT	7	DAC 模拟电压输出
V_{DD}	8	电源

TLC5615 的时序图如图 10.17 所示。

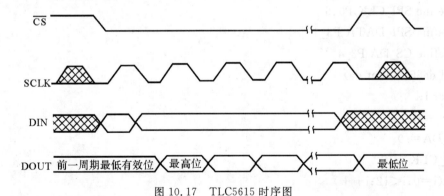

图 10.17　TLC5615 时序图

串行接口 SPI 传送数据,要把数据输入到 DAC 需要两个写周期。SPI 接口具有可变的 8 ~16 位的数据输入长度,可以在一个写周期之内装载 DAC 输入寄存器。

当片选$\overline{\text{CS}}$为低电平时,输入数据读入 16 位移位寄存器,它由时钟同步且最高有效位在前。SCLK 的上升沿把数据移入输入寄存器。CS 的上升沿把数据传送至 DAC 寄存器。当$\overline{\text{CS}}$为高电平时,输入数据不能由同步时钟送入输入寄存器。所有$\overline{\text{CS}}$跳变发生在 SCLK 输入为低电平时,如图10.17所示。当级联多个 TLC5615 器件时,因为数据传送需要16个输入时钟周期加上一个额外的输入时钟下降沿才能使数据在 DOUT 端输出,如图10.18所示,所以数据需要4个高虚拟位。为了保持与12位数据转换器传送的硬件与软件兼容性,两个额外位总是需要的。TLC5615 三线接口与 SPI,QSPI 以及 Microwire 串行标准相兼容。硬件连接如图10.19所示。

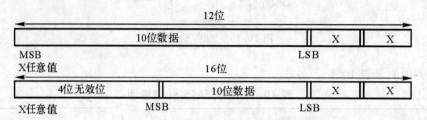

图 10.18　TLC5615 的数据格式

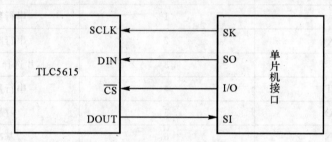

图 10.19　TLC5615 与单片机的连接

TLC5615 10 位 D/A 驱动程序如下。

调用方式:void da5615(uint da)

函数说明:TI 10 位 DA TLC5615 的驱动程序

```
#define SPI_CLK P0_6
#define SPI_DATA P3_1
#define CS_DA P3_4
void da5615(uint da)
uchar i;
da+=6;
CS_DA= 0;
SPI_CLK =0;
for (i=0;i<12;i++)
(
SPI_DATA= ( bit) ( da &0x8000 )
SPI_ CLK=1;
Da<<1;
SPI_CLK= 0;
}
```

```
CS_ DA= I;
SPI_CLK= 0;
for (i=0;i<12;i++);
}
```

10.3　项 目 实 现

10.3.1　硬件设计

选用 AT89C51 单片机,晶振频率为 12MHz,采用 DAC0832 作为数模转化器,设计一个正弦波发生器。简易波形发生器如图 10.20 所示。

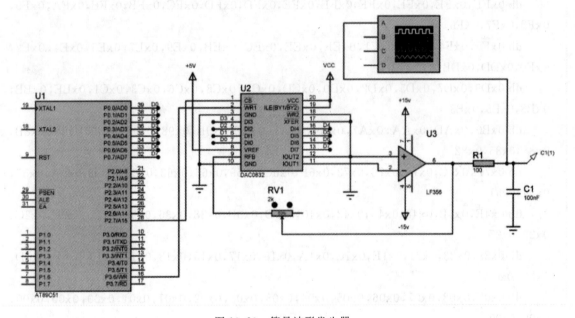

图 10.20　简易波形发生器

10.3.2　软件编程

```
ORG 0000H
start:mov r1,#00h
AGAIN:mov a,r1
    mov dptr,#tab
    movc a,@a+dptr
    cpl a
    mov dptr,#0000h
    movx @dptr,a
    inc r1
```

```
        cjne r1,#256,again
        sjmp start
        tab：
    db 0x7F,0x82,0x85,0x88,0x8B,0x8F,0x92,0x95,0x98,0x9B,0x9E,0xA1,0xA4,
0xA7,0xAA,0xAD
    db 0xB0,0xB3,0xB6,0xB8,0xBB,0xBE,0xC1,0xC3,0xC6,0xC8,0xCB,0xCD,0xD0,
0xD2,0xD5,0xD7
    db 0xD9,0xDB,0xDD,0xE0,0xE2,0xE4,0xE5,0xE7,0xE9,0xEB,0xEC,0xEE,0xEF,
0xF1,0xF2,0xF4
    db 0xF5,0xF6,0xF7,0xF8,0xF9,0xFA,0xFB,0xFB,0xFC,0xFD,0xFD,0xFE,0xFE,
0xFE,0xFE,0xFE
    db 0xFE,0xFE,0xFE,0xFE,0xFE,0xFE,0xFD,0xFD,0xFC,0xFB,0xFB,0xFA,0xF9,
0xF8,0xF7,0xF6
    db 0xF5,0xF4,0xF2,0xF1,0xEF,0xEE,0xEC,0xEB,0xE9,0xE7,0xE5,0xE4,0xE2,
0xE0,0xDD,0xDB
    db 0xD9,0xD7,0xD5,0xD2,0xD0,0xCD,0xCB,0xC8,0xC6,0xC3,0xC1,0xBE,0xBB,
0xB8,0xB6,0xB3
    db 0xB0,0xAD,0xAA,0xA7,0xA4,0xA1,0x9E,0x9B,0x98,0x95,0x92,0x8F,0x8B,
0x88,0x85,0x82
    db 0x7F,0x7C,0x79,0x76,0x73,0x6F,0x6C,0x69,0x66,0x63,0x60,0x5D,0x5A,0x57,
0x54,0x51
    db 0x4E,0x4B,0x48,0x46,0x43,0x40,0x3D,0x3B,0x38,0x36,0x33,0x31,0x2E,0x2C,
0x29,0x27
    db 0x25,0x23,0x21,0x1E,0x1C,0x1A,0x19,0x17,0x15,0x13,0x12,0x10,0x0F,0x0D,
0x0C,0x0A
    db 0x09,0x08,0x07,0x06,0x05,0x04,0x03,0x03,0x02,0x01,0x01,0x00,0x00,0x00,
0x00,0x00
    db 0x00,0x00,0x00,0x00,0x00,0x00,0x01,0x01,0x02,0x03,0x03,0x04,0x05,0x06,
0x07,0x08
    db 0x09,0x0A,0x0C,0x0D,0x0F,0x10,0x12,0x13,0x15,0x17,0x19,0x1A,0x1C,
0x1E,0x21,0x23
    db 0x25,0x27,0x29,0x2C,0x2E,0x31,0x33,0x36,0x38,0x3B,0x3D,0x40,0x43,0x46,
0x48,0x4B
    db 0x4E,0x51,0x54,0x57,0x5A,0x5D,0x60,0x63,0x66,0x69,0x6C,0x6F,0x73,0x76,
0x79,0x7C
        end
```

10.3.3　仿真调试

利用 Keil C51 与 Proteus 软件进行联调,仿真结果如图 10.21 所示。

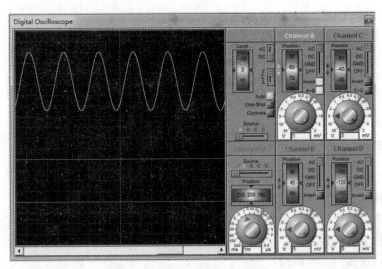

图 10.21　简易波形发生器仿真结果

习题

1. D/A 转换器的功能是什么？在什么场合下使用？

2. D/A 转换器的主要性能指标都有哪些？各代表什么含义？

3. 设某 DAC 有二进制 12 位,满量程输出电压为 5V,试问它的分辨率为多少？

4. 试说明 DAC 用作程控放大器的工作原理。

5. AT89C51 与 D/A 接口时,有哪三种工作方式？各有什么特点？

6. 设计 DAC0832 双缓冲典型应用电路。已知 X 方向的 DAC0832 由 P2.0 片选,代表 X 方向信号;Y 方向的 DAC0832 由 P2.1 片选,代表 Y 方向信号;P2.2 用于选择 X 和 Y 方向 DAC0832 的 DAC 寄存器,假设 X 和 Y 方向的信号已经存在 30H 和 31H 中,编写程序,使得同步输出 X 和 Y 向信号。

项目 11　机载计算机设备拆装

项目目标

1.知识目标

(1)熟悉典型航空计算机设备的结构组成；

(2)熟悉典型航空计算机设备的工作原理；

(3)了解总线协议标准；

(4)理解总线接口基本原理。

2.技能目标

(1)能对失速警告系统按照工卡进行拆卸；

(2)能够认识失速警告系统内部组成结构；

(3)能够认识机载计算机总线；

(4)能对失速警告系统按照工卡进行安装。

11.1　项　目　描　述

按照工卡的要求,对 TB-200 失速警告装置进行拆卸和安装。

11.2　相关知识讲解

11.2.1　航空总线概述

现代飞机的主要特点是内部使用了多个计算机实施控制,计算机间的信息传输及信息共享通过总线完成。目前世界上许多技术先进的国家对飞机机载计算机总线与接口技术进行了研究,具有代表性的成果是 20 世纪 80 年代由美国公布的 MIL-STD-1553B 及 ARINC429 总线标准(使用在军用 F-16,F-18,YF-22,B-52,YAH-64(先进强击直升机),LAMPS (美海军舰载直升机),苏-27,民用 B-747,B-757,B-767,A300,A310,A320,A340,安-70,雅克-42 等多种飞机上)。20 世纪 90 年代随着光电技术以及电子技术的进一步发展,以波音公司为代表的民用航空界又提出了改进型的总线标准,即 ARINC629(使用在 B-777 飞机上)。我国从 20 世纪 80 年代初也开始了这方面的研究。目前已能够生产相应的总线协议芯片、MBI 板,并已装备在新型飞机上。

航空总线可使飞机机载电子系统具有较灵活的扩展性,每一个设备,只要它的接口符合要求,并且符合系统内的通信规约,就可以综合到系统中去。使用总线的目的是解决航空电子系统设备的非标准化问题,提高航空电子系统的可靠性、灵活性和可扩展性,降低航空电子设备的寿命周期费用。

11.2.2　MIL－STD－1553B 军用航空总线协议标准

MIT－STD－1553B 总线的全称为"飞行器内部时分命令/响应式多路数据总线"（AircraftInternal Time Division Command/Response Multiplex Data Bus）。它是由美国自动化工程师协会 SAE 的 AE－9E 委员会在军方和工业界的支持下，于 1968 年决定开发标准的信号多路输出系统，并于 1973 年公布了 MIT－STD－1553 标准。1978 年经修订发表了 MIL－STD－1553B 标准。这个标准规定了飞机内部数字式的总线的技术要求。它包括如图 11.1 所示的数据总线和总线的接口，同时也规定了对多路总线的操作方式和总线上的信息流格式以及电气要求和功能构成。目前，此标准已经在军用飞机、军用舰艇、陆军武器及工业方面得到了广泛的应用。

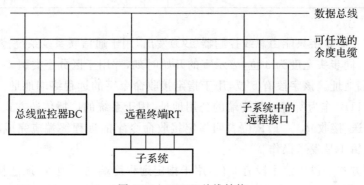

图 11.1　1553B 总线结构

1.1553B 总线特征

（1）分时多路复用传输方式（即时分复用）。对多个信号源的信号在时间上错开采样，形成一个组合的脉冲序列，实现系统中任意两个设备间相互交换信息。

（2）多设备。系统由总线控制器 BC、远程终端 RT 和总线监控器 BM 组成。总线控制器是系统中组织信息传输的设备；远程终端是接收命令的设备，既可以是独立的可更换组件，也可以包含在系统内部；总线监控器是系统中监视总线上传输信息的接收、记录并有选择地提取信息以备后用的设备。总线可带 31 个终端，每个终端可带 30 个子系统。

BC 是被指定执行启动信息传输任务的终端，它发出数据总线命令，参与数据传输，接收状态响应和监视系统的状态，对数据总线实行控制和仲裁。RT 对 BC 来的有效命令做出响应。

BM 接收总线上传输的有用信息或有选择地提取信息，除了对包含它本身地址的消息外（如果给它分配了一个地址的话），对其他任何消息均不响应，其得到的信息仅限于脱机应用，或者给备用总线控制器提供信息，以便于总线控制器的替换。

（3）总线上信息具有两种传输方式：一般方式和广播方式。一般方式的信息传输仅在两个部件间进行；广播方式则是一个部件发送信息而多个部件接收信息。

（4）串行，异步，半双工。

（5）高速信息传送，速率为 1 Mb/s

2.数据格式

总线上传输的基本信息是字,有命令字、状态字和数据字三种类型,见表11.1。每种字的长度为20位,包括3位同步信息(同步头)、16位有效信息及1个奇校验位。使用曼彻斯特双向电平码进行传输。

表 11.1　1553B 字格式

位序	1	2	3	4	5	6	7	8	9	10	11	12	13	14	15	16	17	18	19	20
命令字	同步(3 位)			远程终端地址(5 位)					T/R	字地址方式(5 位)					数据字方式码(5 位)					检验
数据字	同步(3 位)			数据(16)																检验
状态字	同步(3 位)			远程终端地址(5 位)					报文错误	测试手段	服务请求	备用			广播接收	忙	字特征	总线控制	终端特征	检验

(1)命令字。命令字只能由总线控制器(BC)发出,用于通信联系及系统控制。

1)同步头。同步头宽度为3位,表示字的开始时刻,并用于区分字类型。

2)远程终端地址。该字段有5位,用于指定接收命令字的远程终端地址。地址从0～30,地址31(即11111B)作为所有远程终端的公用地址,用于系统的广播传送方式。

3)T/R(发送/接收)位。T/R位表明指定接收命令字的远程终端应完成的操作。逻辑0是接收操作,逻辑1是发送操作。

4)字地址/方式字段。该字段有5位,用于指定远程终端的子地址,地址从1～30,最多可以带30个终端(全0和全1不用于子系统的地址,而用于方式控制,此时后一字段将给出具体的控制命令码)。

5)数据字个数/方式码字段。该字段有5位,用来指定远程终端应接收或发送的数据字个数或方式控制命令码。全1表示十进制计数31,全0表示十进制计数32。当子地址/方式字段的内容为全0或全1时,本字段的内容为方式控制命令码。

6)校验位。此位用于前16位的奇校验。

(2)数据字。数据字既可以由总线控制器传(BC)送到终端,也可以从终端传至总线控制器,或从某终端传至另一终端。数据字在1553B通信中用于传输数据。

1)同步头。同步头宽度为3位,表示字的开始时刻,并用于区分字类型。

2)数据段。数据段为16位的数据。

3)校验位。此位用于前16位的奇校验。

(3)状态字。状态字只能由远程终端发出,用于对总线控制器所发命令的应答。

1)同步头。同步头与命令字的同步头相同,传送方向相反(命令字的同步头从总线控制器到远程终端,状态字的同步头由远程终端到总线控制器),所以不会混淆。

2)远程终端地址字段。该字段为5位,表示正在发送状态字的远程终端的地址。

3)报文错误位。该位为"1"表示在本远程终端所接收到的报文中有一个或多个字没有通过有效性测试(即上次通信中存在传输错误);"0"表示信息无差错。之所以强调"上次",是因为当前的通信过程中如果出现了数据传输错误,终端以不返回状态字作为反应(即终端会自动抑制状态字的返回),总线控制器通过记录反应时间来判断。此位为"1"时,只有在总线控制器发出专门的方式命令才能返回。有效性测试即判断信息有无错误,在 1553B 通信协议中作了如下规定,只有满足以下 3 个条件才是传输中无错误:第一是"字有效",即每一个字都是以有效的同步头开始,并且除去同步头之外其余的都是有效的曼彻斯特编码,有效信息位是 6 位,校验位 1 位;第二是"信息有效",这是指在一次数据块传输中,命令字和数据字之间以及数据字之间在时间上是连续的;第三是"命令有效",如命令字中的 T/R 位为"0",是要求终端接收,命令字中的数据字个数应与实际接收的实际个数一致,否则为非法命令。

4)测试手段位。辨别命令字和状态字,当为状态字时此位为"1",而为命令字时被置为"0"。

5)服务请求位。系统的终端通知总线控制器,与之通信的终端有异步服务请求,服务多时,总线控制器需要发出专门的方式命令(要求终端发送向量字),来识别具体的服务请求。

6)广播接收位。为"1"表示上一个命令是广播命令。

7)忙位。为"1"时表示终端不能按照总线控制器的命令向子系统送字或从子系统取字。

8)子特征位。为"1"表示有故障,调查故障具体原因需用方式命令。

9)总线控制位。总线控制权转移时,现行总线控制器发来"动态总线控制"方式命令,该位为 1 表示备用总线控制器已具有总线控制能力。

10)终端特征位。为"1"表示终端存在内部故障。总线控制器用"启动自测试"和"发送自测试结果"方式命令处理。也可以用"禁止/废除终端故障特征"方式命令弱化某一终端故障对系统的影响。

3.1553B 中的通信过程控制

(1)基本控制方法。1553B 总线协议采用命令/响应传输方式即所有数据通信及通信控制均在总线控制器的命令下进行工作,终端只能对总线控制器的命令作出响应,即发出状态字,同时在现行总线控制器的询问下也可转移总线控制权。

为强调实时性,多路数据传输可以采用同步方式即信息按时间表依次传输,但也允许终端使用状态字提出异步服务请求(包括异步数据传输及随机故障处理)。

使用超时判断异常,传输正确时终端应在响应时间($4 \sim 12\mu s$)内发回状态字,传输有错误,终端应拒绝发回状态字,当响应时间超过 $14\mu s$ 时,应作为无响应超时处理。

设置方式命令,使其具有传输错误及设备故障诊断和管理能力。

(2)消息传输格式。1553B 中的消息使用报文形式来传输。一个报文可以由命令字、状态字和 0~32 个数据字组成。1553B 中规定了如图 11.2 所示的 10 种报文格式。

1)总线控制器向远程终端的传输。总线控制器向远程终端发出一个命令字以及由命令字中数据个数字段所规定数目的数据字,命令字和数据字以无间隔方式发送。远程终端在核实该报文后回送一个状态字。

2)远程终端向总线控制器的传输。总线控制器向远程终端发出一个命令字,远程终端在核实命令字后回送一个状态字,并向控制器发送规定数目的数据字。状态字和数据字以无间隔方式连续发出。

3)远程终端向远程终端的传输。总线控制器向远程终端 A 发出一个接收命令字,接着向远程终端 B 发出一个命令字。远程终端 B 在核实该命令后,发送一个状态字和规定数目的数据字。状态字和数据字以无间隔方式连续发送。远程终端 A 在接收到规定数目的数据字后,应在规定的响应时间内发出状态字。

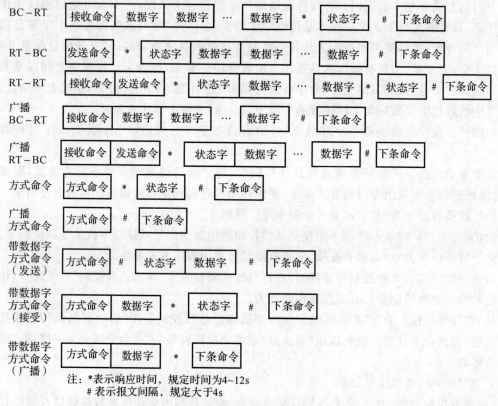

注：*表示响应时间，规定时间为4~12s
　　# 表示报文间隔，规定大于4s

图 11.2　1553B 报文格式

（3）方式命令。如前所述，当指令字（命令字和状态字）中，地址为"0"（00000B）或"31"（11111B）时，该指令不再是一般的数据通信了，而是方式指令——对系统进行故障诊断，或系统管理指令。此时指令字中的数据转换为表示方式指令的方式代码。在 1553B 通信协议中规定的方式代码定义见表 11.2。

表 11.2　1553B 方式指令定义表

T/R 位	方式代码	功　能	是否带数据字	允许广播方式
1	00000	动态总线控制	否	否
1	00001	同步	否	是
1	00010	发送状态字	否	否
1	00011	启动自测试	否	是
1	00100	发送器关闭	否	是
1	00101	取消发送器关闭	否	是
1	00110	禁止终端标志位	否	是
1	00111	取消禁止终端标志位	否	是
1	01000	复位远程终端	否	是

续 表

T/R 位	方式代码	功　能	是否带数据字	允许广播方式
1	01001	备用	否	TBD
		…		
1	01111	备用	否	TBD
1	01000	发送矢量字	是	否
0	10001	同步	是	是
1	10010	发送上一个指令字	是	否
1	10011	发送自检测字	是	否
0	10101	选定的发送器关闭	是	是
0	10101	取消选定的发送器关闭	是	是
		…		
1 或 0	10110	备用		TBD
		…		
1 或 0	11111	备用	是	TBD

11.2.3　MIL－STD－1553B 总线接口 MBI 原理及应用

1. 概述

机载计算机系统是由 1553B 数据总线及电缆等传输硬件把各个系统（设备）互连起来，但各个系统（设备）都必须通过总线多路通信接口 MBI（Multiplex Bus Interface）才能完成分布式通信任务。可以这样理解：机载电子设备必须通过 MBI 才能与 1553B 总线相连，才能实现相互通信。

随电子技术的不断发展，特别是集成电路的迅速发展，生产出来的先进、高集成度、通用性的总线通信处理器件，如 1553B 协议处理芯片、总线收发器、脉冲变压器及总线网络耦合器等，这些器件为 MBI 的设计提供了物质基础。

2. MBI 的原理与功能

一般来说，MBI 由字处理器和消息处理器组成，其功能分解如图 11.3 所示。

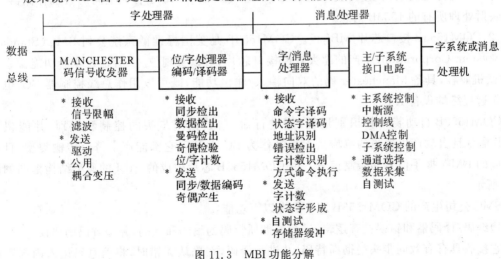

图 11.3　MBI 功能分解

3.1553B 接口 MBI 组成及应用

（1）1553B 总线与机载计算机 1750A 接口。在我军某新型飞机上，1750A 计算机是作为任务计算机，是航空电子系统的核心子系统，其任务是将各传感系统采集来的信息作处理，然后送出显示。所以其与 1553B 总线的连接非常重要。

美国 DDC 公司在 1986 年推出 1553B 总线与 1750A 接口，此接口由两块超大规模集成电路 BUS-65600 和 BUS-66300 组成。所构成的接口结构如图 11.4 所示。

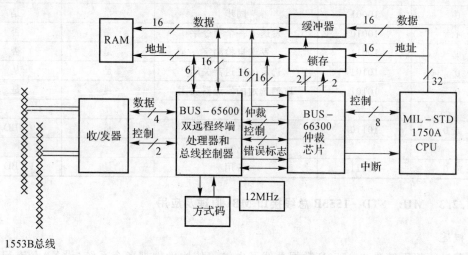

图 11.4　DDC 公司的 1553B 总线接口框图

其中，BUS-65600 作为下接口，前端通过收/发器与 1553B 总线相连，后端与上接口 BUS-66300 相连。BUS-65600 能支持 3 种工作方式：总线控制器、远程终端、总线监视器（BC,RT,MT）。它包括 4 个分开的寄存器，分别寄存命令、数据、状态和自测试字。在工作模式或测试模式中任何一种工作情况下，它能自动地执行全部 1553B 协议。BUS-66300 芯片能充分支持 1553B 消息交换，它产生 DMA 申请引起主机立即响应，中断主机现行的工作（在主机允许终端的情况下）。66300 芯片有强有力的功能使所有的 1553B 消息传输工作与主机的例行程序充分地离载，在接口技术中采用了一个专用的 64KB 字存储空间的共享存储器，用它来映射处理所有的 1553B 信息。

（2）COM1553B 接口芯片 MBI 板。COM1553B 是美国标准微系统公司 SMC（Standard Microsystem Corporation）生产的超大规模接口芯片，可以实现位/字消息处理器功能。它与 16 位微机兼容，具备 Manchester 码的双向输入/输出功能，既可以用作总线控制器 BC，也可以用作远程终端设备 RT。

COM1553B 自动装入和识别地址，能进行命令、数据同步头的控制和识别，并能识别 1553B 命令且自动产生适当的响应。无论是作为 BC 或 RT，它都能产生符合传输类型，且产生响应的 DMA 握手信号和控制信号。由 COM1553B 芯片构成的 MBI 的典型结构框图如图 11.5 所示。

SMC 公司生产的 COM1553B 芯片具有以下功能：

1）编码/译码器和错误检查逻辑：进行曼彻斯特码的编码和译码，并检查码的错误。

它接收具有有效同步头曼彻斯特码，并进行译码，在确认无错时，将信息码送入内部寄存器。或者,对内部寄存器的信息码检错,并进行曼彻斯特码编码,再加上同步头输出。

错误检查逻辑可以检查出 7 种错误:同步字字头错误、非法曼彻斯特码错误、信息位大于 16 位、奇偶校验错误、字计数错误、响应时间超过、地址不正确等。

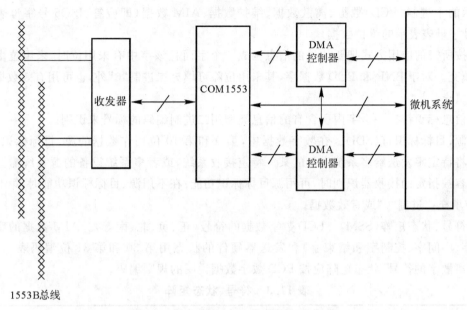

图 11.5　由 COM1553B 构成的 MBI 框图

2)内部寄存器组:可以用来锁存 3 位指令控制码。这些指令控制码决定了 COM1553B 芯片执行何种寄存器操作,寄存器组还用来加载远程终端地址和状态码,并且还存储与上一信息有关的任何错误,因而可以检测出发生了何种错误。总之,寄存器组是用来暂存各种操作所需的命令、状态和地址等信息。根据不同的操作,寄存器内容会作相应的变化。

3)方式码译码逻辑:用来对方式命令译码。COM1553B 芯片能执行 5 种方式码译码功能。它们是:动态总线控制、发送上一状态字、禁止终端特征位、废除禁止终端特征位、发送上一命令字。

4)状态序列逻辑。产生相应的内部控制信号来协调和控制芯片内部各个功能模块之间的操作,使它们能完成不同的指定任务。同时,该逻辑也向外部电路发出各种控制信号,以协调芯片和外部电路的工作状态序列逻辑的控制信号用于选择芯片作为远程终端或总线控制器使用。利用命令控制码来确定芯片的存储器操作,是通过选通信号、传送请求信号和读/写等信号来控制和协调的。

11.2.4　ARINC429 航空机载总线及接口电路

ARINC429 总线是美国航空电子工程委员会(Airlines Engineering Committee)于 1977 年 7 月提出的,并于同年 9 月被认可为工业标准,是一种广泛应用在民用航空中的标准总线。

1. ARINC429 总线概述

(1)信息要求。

1)信息流向。信息只能从通信设备的发送口输出,经传输总线传至与它相连的需要的接口。但信息决不能倒流至已规定为发送信息的接口中,即信息单向传输。当在两个通信设备间需要双向传输时(双工通信),每个方向上需各用一个独立的传输总线。

2)信息单元。ARINC429 总线的基本信息单元是一个 32 位数字的字。分为 5 组:按 2 的补码小数计法的二进制(BNR)数据;按国际通用标准 5 号字母表(以下简称为 ISO5 号字母表)表示的十进制(BCD)数据、离散数据、维护数据、AIM 数据(即应答、ISO5 号字母表和用 ISO5 号字母表表示的维护数据)。

当按所需的应用方式把要传送的信息构成一个字而且该字中有未用位时,未用位由二进制"0"填充。对于 BNR 和 BCD 数据字,其未用位除可填充二进制"0"外,也可用有效数据位或离散量填充。

3)信息标识符。一个字内所含有的信息类型用二进制编码的标号来识别。

4)源、目标标识符(SDI)。在数字数据中,第 9 和第 10 位用作数据的源、目标标识功能。当需要将特定字发送给多系统设备的某一特定接收系统,或者多系统设备的源系统需要根据字的内容被指定的接收器识别时,可用源目标标识功能;在不用源、目标标识功能时,第 9 或第 10 位应填充二进制"0"或有效数据。

5)符号、状态矩阵(SSM)。BCD 数字数据的符号(正、负、北、南等)。AIM 数据的字类型(初始字、中间字、控制字和结束字)和发送器硬件的状态用第 30 和第 31 位编码表示,见表 11.3。离散字的符号、状态矩阵应按 BCD 数字数据说明的规则编码。

表 11.3 符号、状态矩阵

位 号		名 称		
31	30	BCD 数据字	AMI 数据字	文件传输
0	0	正、北、东、右、到、上	中间字	中间字、正、北
0	1	非计算数据	初始字	初始字
1	0	功能测试	结束字	结束字
1	1	负、南、西、左、从、下	控制字	中间字、负、南

BNR 数字数据字的符号(正、负、北、南等)和发送器硬件的状态应按字的位号 29,30,31 编码,见表 11.4。

表 11.4 BNR 符号与状态编码

位 号		意 义	位 号	意 义
31	30		29	
0	0	故障告警	0	正、北、东 右、到、上
0	1	非计算数据		
1	0	功能测试	1	负、南、西 左、从、下
1	1	正常操作		

(2)电气特性要求。ARINC 发送设备与接收设备均采用双绞屏蔽线传输信息。双绞屏蔽线要求在屏蔽线两端及所有中断处接地,屏蔽层与靠近机架插座的飞机地线连接,以保证可靠

接地。

调制方式采用双极型归零制的三态码方式,即信息由"高""零"和"低"状态组成的三电平状态调制。

总线发送器开路时,在发送器输出端应给出按表 11.5 所示范围内的输出信号电平(发送器对地处于平衡状态)。

表 11.5　发送器输出电压

端口状态	高电平/V	零电平/V	低电平/V
A 端对 B 端	$+10\pm1.0$	0 ± 0.5	-10 ± 1.0
A 端对地	$+5\pm0.5$	0 ± 0.25	-5 ± 0.5
B 端对地	-5 ± 0.5	0 ± 0.25	$+5\pm0.5$

总线接收器输入端出现的差动电压,其值取决于传输线的长度、支线配置以及传输总线所带接收器负载的个数。在没有噪声的情况下,接收器输入端(A 和 B)的正常电压范围是:

高电平范围$+6\sim+10$V;

"零"电平范围$+0.5\sim-0.5$V;

低电平范围$-6\sim-10$V。

但是这些额定电压将受到噪声和脉冲畸变的干扰,这样,实际上接收器输入端的电压范围是:

高电平范围$+6.5\sim+13$V;

"零"电平范围$+2.5\sim-2.5$V;

低电平范围$-6.5\sim-13$V。

一根 ARINC 传输总线上连接的接收器的数量不超过 20 个,且每个接收器应采用隔离措施,以防止本接收器发生故障时,影响连在传输总线上的其他接收器正常接收数据。

2. ARINC 的通信控制

(1)文件数据传输。

1)指令、响应协议。文件数据传输采用指令、响应方式进行,其传输数据为二进制数据字和 ISO5 号字母表字符两种。文件的结构形式是:一个文件由 1~127 个记录组成,一个记录由 1~126 个数据字组成。

文件、数据传输协议如下:

①发送器与接收器间的文件数据传输——正常传输。当发送器有数据要送往接收器时,发送器通过传输总线发送"请求发送"初始字(其中包括待发送的记录个数),接收器收到此初始字后,通过另一条传输总线以"清除发送"初始字作为应答,其内容表示接收器准备好可以接收数据。发送器收到此应答后,先发送第一个记录。

在发送记录的过程中,先发送"数据跟随"初始字,内容包括记录的序号及记录的字数,后跟"中间字","结束字"。接收器处理"结束字"的错误控制信息,如无错,接收器发送"接收正确"初始字以结束一个记录的传输。接着进行下一个记录的传输,直到文件传输完毕为止。

在传输过程中,以下几种情况需要特别说明:

接收器未准备好:发送器发送"请求发送"初始字后,接收器则以"清除发送"初始字作为应答,若该接收器发送的初始字内容为接收器未准备好(即第 915 位为二进制 0)时,发送器应等待 200ms 后再重发"请求发送"初始字,直到发送器接到接收器准备好"清除发送"初始字后,按正常传输进行文件数据传输。

奇偶校验错:接收器在接收过程中检查到一个奇偶校验位错,接收器应发送"接收不正确"初始字,请求错误校正。发送器应中断发送并回到被识别错误的起点,再按正常传输发送"数据跟随"初始字、中间字及结束字,直到文件数据传输完毕。

失步:接收器通过发送"失步"字,随时向发送器发送"失步"通告,发送器收到该字后,应立即终止数据流,并回到文件的起点,再按正常传输重新发送。

②标题信息传输。发送器不发送自身文件,也不请求接收文件时,允许发送器发送文件规模,信息发送器只发送一个"标题信息"初始字给接收器。

③两终端间的文件数据传输。在两终端间有信息连接交换的系统内,甲终端发出"查询"初始字,乙终端若有数据需要传输,就发送"请求发送"初始字作为响应,若乙终端无数据传输,则对甲终端也发一个"查询"初始字,以询问甲终端是否有数据向乙终端发送。

2)初始字类型。初始字有 8 种类型:请求发送初始字(发送器到接收器)、清除发送初始字(接收器到发送器)、数据跟随初始字(发送器到接收器)、接收正确初始字(接收器到发送器)、接收不正确初始字(接收器到发送器)、失步初始字(接收器到发送器)、标题信息(发送器到接收器)、查询(双向)。

3)中间字。中间字用来传输文件的数据,传送 ISO5 号字母时,标号采用 357,第 9~29 位规定为 ISO5 号字母表字符,传送 BNR 数据时,第 1~8 位为文件标号,第 229 位为二进制数据。

4)结束字。每个记录的结束字包含错误控制信息。

5)字类型编码。文件传输用每个字的第 30,31 位表示字类型。

6)文件数据格式。文件传输数据为 ISO5 号字母和二进制数据字。

7)文件数据标号。文件传输的标号根据文件的应用而定。应用包括管理计算机系统间相互通信等,如需要有优先级,有必要给这些应用中的文件分配一个以上的标号。

(2)传输顺序。在信息传输中,先传标号,后传数据。当传输数据时,应首先传输最低有效位和最低有效字符,但标号应先传最高位,后传最低位,即字的最低有效位就是标号的最高有效位。

(3)错误检测与校正。为了能够在接收器内部进行错误检测,每个字采用奇校验编码,奇校验范围包括该字的标识和信息共 31 位。

(4)位速率。所谓位速率,就是系统数据位的传输速率。系统处在高速工作状态时的位速率为 100KB/s;系统处在低速工作状态时的位速率应在 12.0~14.5KB/s 范围内。

(5)计时方法。同步是数字信息传输系统所固有的特性。位间隔由双极性码原先的"零状态"变为"高"或"低"状态的这一状态变化来识别。

(6)字同步。字同步是以传输周期间至少 4 位的时间间隔为基准,紧跟该字间隔后要发送的第一位的起点即为新字的起点。

3. ARINC429 航空机载总线 MBI 接口芯片简介

由 HARRIS 公司生产的 HS-3282,HS-3182 是高性能 CMOS 总线接口电路,它是为满足 ARINC429 及类似的译码、时间分享串行数据口的要求设计的。ARINC429 总线接口芯片包括两个独立的接收器和一个独立的发送器。接收器的工作频率是接收数据速率的 10 倍,接收器的接收数据率可以和发送器的发送数据率相同,也可以不同。虽然两个接收器工作在同样的频率,但它们在功能上是独立的,而且每个都异步地接收串行数据。ARINC429 芯片的发送器主要由一个 FIFO 存储器和定时电路组成,FIFO 存储器用于保存 8 个 ARINC 数据字,以便顺序地发送;定时电路用于正确区分每一个 ARINC 数据字以满足 ARINC429 的规定。

外部的 TTL 时钟同时被加入到接收器和发送器,并可以使电路工作在 0 到 1MB/s 的速率上,但外部的 TTL 时钟必须是数据速率的 10 倍,以保证数据的收/发正确。

HS-3282,HS-3182 完全支持 ARINC429 的 1MB/s 的传输速率,它表现为:一是它符合 ARINC429 的工作电压标准;二是它符合军用温度范围。它可以和 TTL,CMOS 和 NCOMS 连接,而且使用标准的 5V 电源电压。HS-3282 在一个简单的低功耗的 LSI 电路上集成了接收、发送、异步、定时和奇偶检验等功能,其内部集成的发送器和接收器互相独立工作,发送器所需的并/串转换和接收器所需要的串/并转换都在集成块的内部完成。

11.2.5　警告系统

1.高度警告

塔台指挥飞机飞行在不同的飞行层面,飞机必须在塔台空中交通管制员指定的高度上飞行,以防止飞机空中相撞。

机载高度警告系统可以探测到飞机是否偏离了指定的高度。它将来自大气数据计算机的真实高度与塔台指挥指定的飞行的高度进行比较。指定的高度由驾驶员在方式控制板上选定。一旦比较结果超出规定的范围,将发出视觉和音响信号警告驾驶员,如图 11.6 所示。

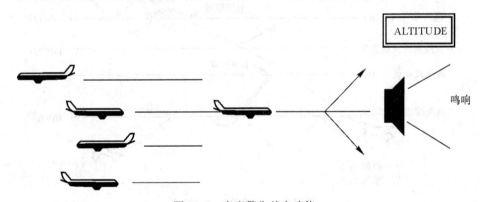

图 11.6　高度警告基本功能

通常,高度警告系统集成在自动驾驶系统或中央警告系统中。然而,也有具有独立计算机的高度警告系统。

在自动驾驶仪处于衔接状态时,正常情况下,飞机应保持在方式控制板(MCP)上预选的高度上飞行,当出现小干扰量使飞行俯仰姿态改变时,飞机系统靠自身的纵向稳定性就可以修正到正确的姿态,但会产生一定的高度偏差。因此,高度稳定系统必须有测量飞行高度的传感器、高度给定装置和高度偏差计算装置。测量飞行高度的传感器一般可以采用大气数据计算机;高度给定装置是方式控制板(MCP)上的高度选择旋钮,预选高度在显示窗内显示;高度偏差计算装置采用高度警告计算机,如图 11.7 所示。

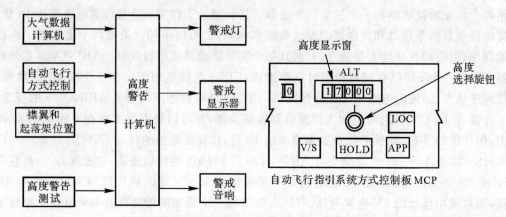

图 11.7　高度警告系统方框图和高度给定装置

当飞机偏离预选高度大于 300 ft 时,典型的高度警告系统将警告驾驶员,这种方式称为偏离方式。警告由驾驶舱内短促的喇叭声和闪烁的高度警告灯组成。在屏幕显示的飞机上,没有高度警告灯,那么,取而代之的是 PFD 的高度指示闪烁。如果飞机返回到正确的位置上,高度警告灯熄灭。在某些系统中,偏离预选高度大于 900ft 时,高度警告灯也熄灭,如图 11.8 所示。其详细工作过程如下:

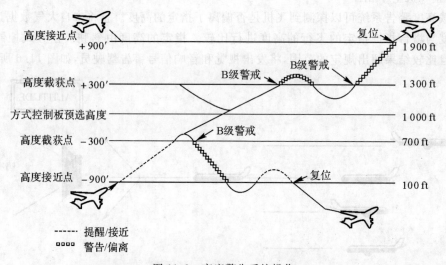

图 11.8　高度警告系统操作

（1）若飞机飞行偏离预选高度在 300 ft 以上到 900 ft 之间,则发出警戒（ALERT）信号,警示驾驶员飞机已偏离当前方式控制板上的预选高度。

（2）若飞机接近预选高度在 900 ft 到 300 ft 之间,则发出提醒（ADVISE）信号,提醒驾驶员已接近当前方式控制板上的预选高度。

（3）若飞机飞行偏离预选高度在 900 ft 以上,系统不发出任何警告,表明飞机已向选定的新的飞行高度飞行。

在飞机爬升或下降之前,驾驶员必须先向空中交通管制员请求新的飞行高度,然后调节高度选择旋钮设定新高度值。在选择高度期间,警告被禁止,因此,只要驾驶员按照正确的程序操作,高度偏差警告就不会出现。

另外,在飞机进近着陆时,高度警告也被禁止,这样可以防止打扰驾驶员的工作。

在人工飞行期间,飞机接近预选高度时,典型的高度警告系统也给出警告,这样可以提醒驾驶员收杆使飞机飞达正确的高度;而自动飞行时,将没有警告信息。因为自动驾驶仪会自动驾驶飞机到达预定高度。

在进近模式时,当飞机飞达预选高度之前大约 900 ft 时,高度警告被触发。高度警告是短促的喇叭声和稳定的灯亮信号。当飞机实际高度与预选高度之差小于 300 ft 时,警告停止。

2.超速警告

超速警告系统的框图如图 11.9 所示。中央大气数据计算机(CADC)的输入信号来自全静压系统的全压值、静压值,全温探头的温度信号。大气数据计算机(ADC)计算出所需的指示空速(IAS)、计算空速(CAS)、马赫数(MACH)等大气数据参数,发送到马赫-空速警告计算机和指示器。马赫-空速指示器内部设有最大操作马赫数、最大操作速度探测装置。当探测到超速状况时,系统提供目视和音响警告。

所有喷气式飞机都有独立的音响超速警告。因为飞机超速飞行是非常危险的,它会造成飞机结构的损坏。另外,高速飞行时产生的激波也会对飞机造成伤害,并使飞行的安全性下降。音响超速警告扬声器既可以由主警告系统触发,也可以由分离系统触发。只要空速大于最大限制空速(VMO)或最大限制马赫数(MMO),超速警告都将发生。通过中央维护计算机或测试按钮可以对超速警告进行测试。

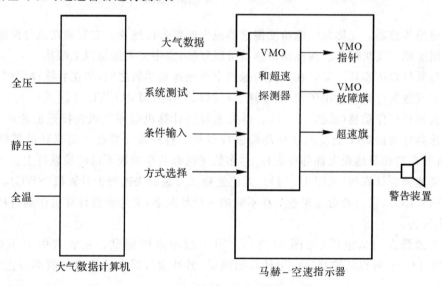

图 11.9　马赫-空速警告系统的组成

3.失速警告

飞机之所以能够在空中飞行,是因为机翼上产生了足够的升力,而升力的大小取决于机翼的翼剖面、飞行速度和飞机迎角。要想使飞机的速度减小,而又要保持恒定的升力,就必须增加迎角,或者通过伸出襟翼、缝翼来增加机翼的翼剖面。

当飞机达到最大迎角时,气流不可能流过飞机机翼的上表面而产生气流分离。如果迎角再继续增大,则气流分离严重,飞机出现失速现象。失速是非常危险的,因为此时升力急剧下降。如果飞机不在足够的高度上飞行将难以恢复,从而导致飞机坠毁。因此,在发生失速之前,必须尽可能早地警告驾驶员。这就是失速警告系统的任务。

典型的失速警告系统由输入部件、两部失速警告计算机、警告显示组件、警告灯和抖杆马达组成。其中输入部件包括迎角传感器、襟翼位置传感器、大气数据计算机、发动机指示系统的高低压轴转速信号、空地信号和失速警告的测试组件,如图 11.10 所示。

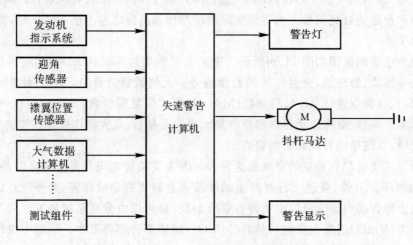

图 11.10　失速警告系统框图

(1)迎角传感器。又称为气流角度传感器或失速警告传感器。它安装在机身两侧、驾驶员侧窗下,用于测量飞机迎角。两侧的传感器可以互换,空中需要加温以免结冰。

(2)襟翼位置传感器。安装在大翼后缘两个外侧襟翼导轨之间,传送后缘襟翼位置信号。

(3)大气数据计算机。用于迎角、空速、马赫数、VMO/MMO 的计算。

(4)失速抖杆作动器(见图 11.11)。由失速警告计算机监控飞机在接近低速或大迎角阈值时,失速抖杆器由 28V 直流马达作动操纵杆抖动。抖杆器安装在正副驾驶的驾驶杆上,安装位置有的在驾驶员地板上部的操纵杆上,多数飞机都装在地板下部的操纵杆上。

(5)失速警告计算机(见图 11.11)。无论是独立安装的失速警告计算机(SWC),还是警告电子组件(WEU),它们的功能相近。在不同的飞行状况下,失速警告计算机作动抖杆器,向驾驶员发出警告。

(6)失速警告测试组件(见图 11.11)。用于起始系统测试。在装有中央维护计算机(CMC)的飞机上,可以从控制显示组件起始测试,另外也可以在计算机的前面板上使用测试电门测试。

失速警告系统将飞机特定的最大迎角与实际的飞机迎角进行比较。最大迎角取决于襟翼和缝翼的位置,该位置也必须进行计算。这一计算可以在独立的计算机中完成,也可以在主警告系统或自动油门系统中完成。通常飞机上有两个独立计算系统,这样可以提供足够余度。当飞机到达临界迎角时,系统将驱动抖杆马达工作,使之产生抖动来模拟真正失速时产生的效应。

在某些飞机上,还安装有驾驶杆推力器。当探测到失速时,它将自动推动控制杆向前以减小飞机的迎角。

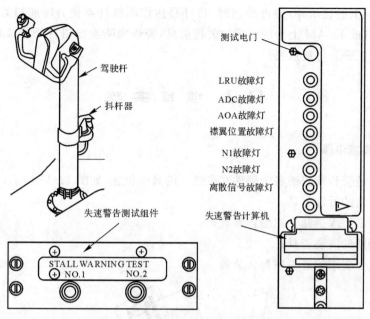

图 11.11　典型的失速警告系统部件

在现代飞机上装备有电子飞行仪表系统,主飞行显示器的左侧是空速带,失速警告计算机的输出信号发送到机载显示管理计算机(或 EICAS/EFIS 交联组件 EIU 计算机),信号处理后送往主飞行显示器 PFD。有的飞机在主飞行显示器的姿态指示器上显示俯仰极限、在速度带上显示最大操作速度 VMO 和最小操作速度(或抖杆速度),如图 11.12 所示。空速带上用醒目的红色表示不同飞行阶段时的抖杆速度,用琥珀色表示最小激动速度(或称缓冲速度)。俯仰极限参数可用于限制起飞时机身的仰角。

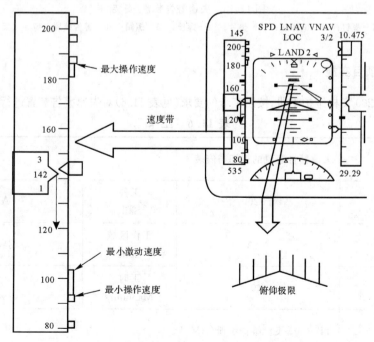

图 11.12　失速警告在主飞行显示器速度带上的显示

除了速度带上的显示外,接近失速时,抖杆马达作动抖杆器使升降舵扭力管和驾驶杆抖动,在主 EICAS 或 ECAM 上出现红色的失速信息,警告喇叭发出语音"STALL WARNING"警告声,红色的主警告灯被点亮。

11.3 项目实现

11.3.1 实施步骤

(1)确定失速警告装置的各个部件在飞机上的具体位置,如图 11.13 所示;

(2)选用合适的拆卸工具;

(3)按照工卡要求拆卸失速警告装置;

(4)选用合适的安装工具;

(5)按照工卡要求组装失速警告装置。

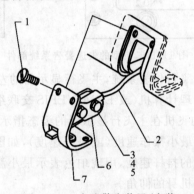

图 11.13 失速警告装置/安装

1—螺钉; 2—电源线; 3—垫片; 4—螺栓; 5—螺帽; 6—警告装置; 7—支架

11.3.2 项目实施

参照 TB-200 飞机维护手册,按照工卡的要求(见表 11.6)对失速警告装置进行拆卸和安装。

表 11.6 工卡

工卡标题 Title	失速警告装置的拆卸与安装		
机型 A/C Type	TB200	工种 Skill	AV
机号 REG. NO.	N/A	工作区域 Zone	驾驶舱
版本 Revision	R0	工时 Manhours	8
参考文件 Ref.	TB—200 飞机维护手册(AMM)		

续 表

注意事项 Cautions	1.操作前要断开电源； 2.严格按照操作规程进行操作。						

编写/修订 Edited By		审核 Examined By			批准 Approved By		
日期 Date		日期 Date			日期 Date		

工量具/设备/材料(TOOL/EQUIPMENT/MATERIAL)：

类别	名称	规格型号	单位	数量	工作者 Perf. By	检查者 Insp. By
工具	工具箱		套	1		

1.工作任务 Requirement		
失速警告装置的拆卸与安装		

2.工作准备 Job Set - up	工作者 Perf. By	检查者 Insp. By
(1)准备好工具箱。		
(2)准备好垫布。		

3.工作步骤 Procedure	工作者 Perf. By	检查者 Insp. By
(1)拆下螺钉(1)。		
(2)从前部断开警告装置(6)和支架(7),断开电源线(2)以拆下警告装置。		
(3)如有必要,从支架(7)上拆下警告装置(6),保留螺栓(4)和垫片(3),报废螺帽(5)。		
(4)如拆卸,用螺栓(4)、垫片(3)和新螺帽(5)将警告装置(6)装在支架上。		
(5)通过前缘槽口将电源线(2)接在警告装置(6)上。		
(6)从前缘将电源线插入,以便安装警告装置。		
(7)用螺钉(1)把支架(7)拧紧在前缘蒙皮上。		
(8)如需要,检查并调节。		

4.结束工作 Close Out	工作者 Perf. By	检查者 Insp. By
确定所有工具和材料收好,工作区域清洁无杂物。		

习题

1.简要说明 1553B 的 1 号终端请求接收 2 号终端 5 个字数据的全过程。

2.画出 1553B 总线的命令字、数据字和状态字的格式并简要说明三者在使用中的识别方法。

3.写出 1553B 的 BC 进行广播通信的报文格式,并简要说明确认 3 号终端是否正确接收的命令字和状态字内容。

    4. 简述 ARINC429 数据总线的数据格式。

    5. 简述 ARINC429 总线的通信控制方法。

    6. 简要说明跨总线终端通信的过程和主要控制字作用。

    7. 简述警告系统的基本组成及功能。

    8. 简述失速警告系统的工作原理。

    9. 简述失速警告系统的组成和功能。

项目12 机载计算机设备故障分析与维修

1.知识目标
(1)熟悉大气数据计算机设备的结构组成；
(2)熟悉大气数据计算机设备的工作原理；
(1)熟悉1750A机载计算机的结构组成；
(2)熟悉1750A机载计算机设备的工作原理。
2.技能目标
(1)能对飞行控制计算机设备按照工卡进行拆卸；
(2)能够认识飞行控制计算机内部组成结构；
(3)能够对飞行控制计算机典型故障进行分析和故障维修；
(4)能对飞行控制计算机按照工卡进行安装。

12.1 项目描述

按照工卡对航空计算机设备进行拆卸、检测、故障维修和安装。

12.2 相关知识讲解

1750A计算机在飞机中作为任务计算机(MC)，是航空电子系统的核心子系统，其任务是将传感器子系统采集来的信息作处理，然后送出显示。该计算机是按军用标准 MIL-STD——1750AISA来设计实现的，主要由CPU，MMU，BPU 3部分组成。CPU完成16位定点及浮点数据计算并完成指令流控制，内部使用了微程序控制器；MMU是存储管理部件，可将内存从128K字扩充到32M字；BPU是块保护部件，可以实现逻辑上4K字为一页的页面保护功能。在1750A的1/2ATR标准机箱里，还装有电源，并插有MBI总线接口板，完成对外的数据通信。

12.2.1 机载计算机1750A

1.机载计算机1750A的CPU
(1)基本组成。CPU由微程序控制器、定点及浮点运算器、中断处理电路和定时电路组成。它的主要功能是控制程序的执行以及完成对数据的处理。其基本框图如图12.1所示。
1)微程序控制器。
2)数据处理器：主要部件为一个17位(16位数据＋1位校验)字长的ALU，可以直接完成16/32位定点计算及32/48位的合点运算。另外还有16个16位通用寄存器(R0～R15)用于存放运算数据及运算结果，1个状态字寄存器(SW)用于存放运算结果的特征，常数ROM用于提供系统常用信息。

3)地址处理器:完成地址的修改,其中指令计数器(IC)用于指出下一条将要执行的指令在内存中的地址。

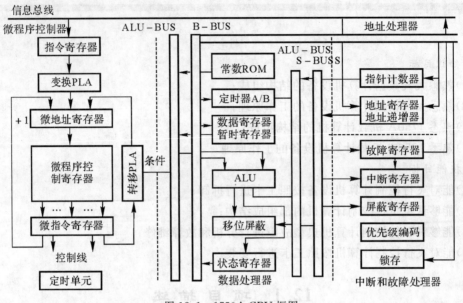

图12.1　1750A CPU框图

4)定时单元:根据所取出的指令产生一系列按节拍序列发出的控制信号,进入 CPU 内部及输出到外部,控制整个系统完成指令所要求的操作。

一个基本的机器周期一般由 3~5 个 CPU 时钟周期组成:内部基本周期,完成 CPU 内部的各种算术逻辑运算,由 3 个时钟周期(S0,S1,S2)组成;总线基本周期,完成一个字的输入/输出操作,由 4 个时钟周期(S0,S1,S2,S3)组成,其中 S1 完成 CPU 发送地址到地址总线,S2完成 CPU 发出读/写控制信号,S3 完成 CPU 与数据总线的数据传送。

在微指令重叠执行中,当本条微指令是一条转移操作指令,并且转移的条件恰好是前一条微指令产生的结果时,应插入 1~2 个时钟周期等待结果出来以后才能转移成功,在这种情况下,内部操作将由内部附加周期完成,它由 5 个时钟周期(S0, S4, S5,S5A, S5B)组成,而总线操作将由总线附加周期完成,它由 5 个时钟周期(S0,S1,S2,S3,S3A)组成。另外总线周期还可能因为外部地址(RDYA)或数据(RDYD)未准备好而保持在 S1 或 S3 周期等待,或因为总线响应($\overline{\text{BUSGNT}}$)而进入高阻状态的时钟周期 S_z。

(2)寄存器组。

1)通用寄存器组。通用寄存器组共有 16 个通用寄存器 R0~R15,R0~R15 均可作累加器使用,R12~R15 还可作基址寄存器用,R15 可作堆栈指针用,R1~R15 可作变址寄存器(R0不可)用;基址方式下的单精度运算中,R2 作隐含累加器,而在双精度和浮点运算中,R2,R3作隐含累加器。

2)专用寄存器组。指令计数器 IC:在 16 位 IC 中保存的是计算机将要执行的下一条指令的地址,在中断处理及子程序调用时,IC 都将保存在存储器的特定单元中,以便返回时恢复。

状态寄存器 SW:SW 中设有标志位和其他控制信息位。

标志位反映当前运算结果的特征:C 是进(借)位标志,为 1 表示运算结果有进位(加法)或借位(减法);N 是负数标志,为 1 表示运算结果为负数;Z 是零标志,为 0 表示运算结果为零;P 是正数标志,为 1 表示运算结果为正数。但是,如果不作补码运算时,N,Z,P 位仅反映运算结果最高位的情况。

PS 表示处理器状态,为 0 时允许计算机执行特权指令,否则执行特权指令将导致一个致命故障。AK 是存储器的访问键,当其与 MMU 中的访问锁 AL 匹配时,才允许访问存储器。

AS 表示 MMU 中的页面寄存器组号码,当系统不用 MMU 时 AK 应设置为 0。

状态寄存器 SW 格式:

D0…D3	D4…D7	D8…D11	D12…D15
C N Z P	保留	AK/PS	AS

系统配置寄存器 SCR:11750A 给 SCR 赋予一个外部口地址 8410H,可用 I/O 指令从此口获得系统的配置情况。

系统配置寄存器 SCR 格式:

D0…D4	D5…D7
M B C A I	

M=1 表示系统中有 MMU。

B=1 表示系统中有 BPU。

C=1 表示系统中连接有控制台。

A=1 表示系统中连接有协处理器。

I=1 表示中断力电平触发,否则为上升沿脉冲触发。这里的中断指用户中断 U0~U5。

(3)1750A CPU 的初始化及看门狗功能。1750A CPU 在加电或复位后,首先进行内部自测试,然后进行各部件的初始化。

1)自测试内容。检查寄存器组的读/写功能,验证 ALU 及乘除法部件功能,检查 ROM 中的常数,检查 IC 和存储器地址寄存器能否递增。

2)初始化内容。清零寄存器 IC,SW,FT,PIR,MK,定时器 A,B 禁止中断及 DMA,启动 GO 指示器。

3)看门狗功能。

2.1750A 中断/故障处理系统

(1)中断处理系统。

1)中断源分类。1750A CPU 可以处理 16 级中断源,包括 7 级内中断和 9 级外中断,其中外中断的触发可以通过编程选择为电平或脉冲方式。为提高故障检测和处理能力,专门设计了系统错误内中断,配合故障寄存器,可以及时准确地发现故障;系统还专门设计了软件仿真中断,通过它可以方便地完成中断系统的自测试。

2)中断系统组成。中断系统由未决中断寄存器(PIR,又称中断请求寄存器)、屏蔽寄存器(MK)、中断处理逻辑、优先级编码器组成。

①未决中断寄存器(PIR)。PIR 寄存着 16 级中断请求,其中 D0 优先级最高,D1 次之,其

余依次类推。16 级中断中包含内中断 7 级：SE，FO，IO，CE，OL，TA，TB，外中断 9 级：PD，P1，P2，U0～U5。其中 P1，P2 为电平触发，U0～U5 为可编程的电平/脉冲触发，当系统配置寄存器（SCR）D4 位为 1 时选定电平方式，D4 为 0 时选定为脉冲方式。

PD：外部电源掉电中断，此中断请求是不可被屏蔽的。

P1，P2：外部 I/O 中断，电平触发。

U0～U5：外部用户中断，电平、脉动触发。

SE：系统错误中断，表示有机器故障；其具体原因在故障寄存器（FT）中进一步标明。此中断请求是不可被屏蔽的。

FO：内部浮点溢出中断。

IO：内部定点溢出中断。

OL：内部浮点下溢中断。

CE：内部执行调用中断 3。

TA，TB：内部定时器中断。

②中断屏蔽寄存器（MK）：MK 中的各位分别对应 PIR 中的各位代表的中断源，如果 MK 中某一位为 0，则相应的中断请求被屏蔽，反之，则不被屏蔽。由于 PIR 的第 0，1 位是非屏蔽中断，因此 MK 的第 0，1 位实际无用。

3）中断处理过程。当 CPU 检测到有内部中断或经中断请求输入线进入的外部中断请求后，首先将它们登录在未决中断寄存器（PIR）中；然后在执行完当前指令后进入中断周期，由优先级排队电路选出级别最高的中断源，并按照该级中断在中断向量表中的连接指针所指位置，保存当前机器状态：IC，SW，MK，然后清除未决中断寄存器（PIR）中的对应位（外中断还要输出中断响应信号）并按照中断向量表中相应的服务指针取出新的状态，放入 IC，SW，MK 中，转入中断服务子程序；用户编程的中断服务程序应完成保护现场，中断服务，恢复现场，最后用 LST/LST1 指令进行现机器状态的存放和原机器状态的恢复并返回到被中断的主程序继续执行。中断向量表从地址状态 AS＝0 的 20H 单元开始，以两个字为一组，依次存放的是 0～15 中断的连接指针和服务指针，指针所指向的机器状态是以 3 个字为一组的 MK，SWIC 数据。

未决中断寄存器可以通过一个特权指令 XIO 加载，去仿真产生中断，这方便于系统软硬件的故障检测。内部执行调用中断 CE 是由 BEX 指令产生的，其向量表中的指针除指向新的机器状态 MK，SW 外，还指向了 16 个新 IC，这使得 BEX 指令可以通过中断转向不同地址状态 AS 的 16 个程序中去。

（2）故障处理系统。为提高系统可靠性，及时准确发现和处理故障，尤其是关键部件的故障，1750A 计算机专门设计了故障处理系统。该系统由故障寄存器（FT）、异常中止方案电路组成，并与中断处理系统配合工作。

1）故障分类。

致命错误 Y：直接影响计算机的运行，将产生不可恢复的后果。有非法指令、取指令码过程中的存储器保护或奇偶错误、地址状态错误 3 类。

主错误 M：虽未对程序的执行有致命性的影响，但仍有严重的后果。如越权使用特权指令、数据读写过程中的存储器保护或奇偶错误、从存储器或外设读数据过程中的地址错误。

报警错误 W：一般性故障。

实际上还有一类算法错误,如运算溢出等,已作为内部中断处理,不再归为故障。

2)故障寄存器 FT。

故障寄存器格式:

D0	D1	D2	D3	D4	D5	D6	D7	D8	D9	D10	D11	D12	D13	D14	D15
CP	DP	PE	0	0	IA	0	SFF	MA	II	PI	AS	0	BT	0	SE

CP:CPU 访问存储器引起的保护错误。

DP:DMA 访问存储器引起的保护错误。

PE:存储器奇偶错误。

IA:非法输入/输出地址。

SF:系统故障(指 CPU 本身发生故障)。

MA:非法存储器地址。

II:非法指令。

PI:越权指令。

AS:地址状态错误。

BT:自测试错误。

SW:系统错误(指外设发生故障)。

3)故障处理过程。在指令执行前 CPU 对指令进行静态检测,如果发现有 2 种致命错误(非法指令和地址状态错误)以及 1 个主错误(越权指令),CPU 将不执行本条指令,而直接取下一条指令执行。而在指令执行过程中发现有 3 个主故障(存储器保护和奇偶错误及外部地址错误),CPU 将立即强行中止指令的执行(这时可能会造成错误数据的写入)。所有的故障在发生时,均记录在故障寄存器(FT)中,并将产生一个 1 级的不可屏蔽的系统错误中断(SE)。在中断子程序中查询 FT,针对故障原因进行具体详细的处理。

3.1750A 存储体系及扩展方法

1750A CPU 有 16 根地址线,可以直接使用 64KW 存储器。由于硬件自动将访问程序与数据分开,因此形成程序、数据各有 64KW 的 128KW 内存。使用 MMU 及 BPU 后内存可以最大扩充到 32MW,并能实现按页存储与保护。

(1)MMU 的存储器地址映射。存储扩展过程的关键问题是如何将一个较小的地址空间变换到一个较大的地址空间上去,而且要保证存取正确。我们称小的地址空间为逻辑(虚存)空间,而称较大的地址空间为物理(实存)空间,将逻辑地址到物理地址的变换称之为地址映射。通常有三种映射形式,它们是全相连映射、直接映射及组相连映射。1750A,MMU 使用的是全相连映射方式,每个逻辑页面可以映射到逻辑地址物理存储器的任意一个页面,如图 12.2 所示。

对逻辑以及物理存储空间,采用页面划分的方法,每页 4KW,并且总是以一个 4096 的整倍作为每个页面的起始地址,这样地址映射只需变换页号而页内的 12 位地址可以不动。

逻辑地址的前 4 位以及物理地址的前 8 位是页面号,逻辑页号变换成物理页号是通过查询 MMU 中的页面寄存器组实现的,一组页面寄存器有 16 个,分别记载着每个逻辑页所对应的物理页号(PPA):我们定义一组页面寄存器对应的存储器为一段,则一段大小为 1 MW,

MMU 最多可有 32 段,其中一个 16 段用于存程序,另一个 16 段用于存数据。

存储器段机器状态字 SW 由页面寄存器组号 AS 来选择。由于 AS 为 4 位,而程序或数据访问由硬件自动区分,所以共有 32 组页面寄存器组,也就是说页面寄存器共有 512 个。所以扩展后的内存最大可有 16MW 程序区和 16MW 数据区,共有 25 位地址,AS 提供 4 位,另有 1 位由硬件提供,自动生成,物理地址提供 20 位。

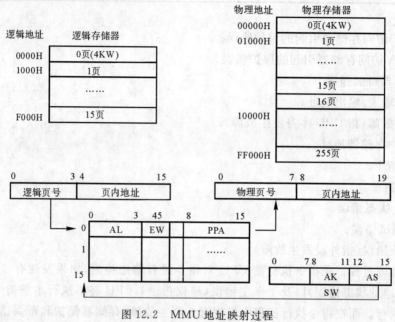

图 12.2　MMU 地址映射过程

在使用过程中各段不一定用 1MW,可能有重叠。如果一个有效的页面寄存器不包含程序或数据的物理页号,就不可能直接地去访问程序或数据区,要访问段外的程序或数据的唯一方法是改变页面寄存器或改变地址状态 AS(这将激活一个新的页面寄存器组)。XIO 指令可以允许程序员对页面寄存器进行读/写。

(2)页面寄存器。MMU 的页面寄存器共有两类,一类为程序访问用,另一类为操作数访问用。在访问存储器取指令和取操作数的过程中,状态字的地址状态(AS)字段用来确定各类的页面寄存器组号,在中断识别期间,访问向量表和服务指针时,使用第 0 组数据类型的页面寄存器而访问连接指针时,要用新状态字中 AS 指定的数据类型的页面寄存器组。在设备访问存储器时,以设备提供的地址状态值指定页面寄存器组号,用所选组内数据类型的页面寄存器,确定访问的物理地址。

页面寄存器为 16 位,其格式如下:

0~3	4	5~7	8~15
AL	E/W		PPA

AL:访问锁代码。对对应的一页存储器进行使用合法权验证,当程序使用此页存储器时,验证其位于 SW 中的钥匙 AK,如 AK 与 AL 不相配,就不能进行存储器的存取,并将产生存取故障,如果是 CPU 访问引起的,则故障寄存器 FT 的第 0 位(CP)置 1,如果是 DMA 访问引

起的,则将 FT 的第 1 为(DP)置 1。存储保护锁键码见表 12.1。

表 12.1　存储保护锁键码

访问锁码(AL)	可接收的键码(AK)	访问锁码(AL)	可接收的键码(AK)
0	0	8	0,8
1	0,1	9	0,9
2	0,2	A	0,A
3	0,3	B	0,B
4	0,4	C	0,C
5	0,5	D	0,D
6	0,6	E	0,E
7	0,7	F	0,1,…,F

由表 12.1 可以看出,键码 0 为万能钥匙,可开任意一把锁。锁码 F 实际为无锁,任意一把钥匙都能打开。

W:写保护标准。当 W=1 时,禁止修改该页存储器的数据,如 CPU 或 DMA 欲向该页存储器写入数据时,将产生存储器保护错误故障,即故障寄存器 FT 的 CP,DP 位置 1。

E:程序执行保护标准。当 E=1 时,禁止执行该页存储器的程序,如 CPU 欲执行该页存储器中的程序时,将产生存储器保护错误故障,即故障寄存器 ET 的 CP 位置 1。

PPA:物理页面号。

(3)MMU 工作过程。执行程序访问存储器时,硬件自动选择程序类存储器的页面寄存器组,并由 SW 的 AS 指定页面寄存器组号。由 16 位逻辑地址的前 4 位(逻辑页面号)查相应的页面寄存器,从中取得 PPA 物理页面号,再与逻辑地址的低 12 位结合,产生 20 位物理地址,按此地址从存储器取出指令,进行译码并执行程序。

读/写数据访问存储器时,硬件自动选择数据类存储器的页面寄存器组,并由 SW 的 AS 指定页面寄存器组号。由 16 位逻辑地址的前 4 位(逻辑页面号),查相应的页面寄存器,从中取得 PPA 物理页面号,再与逻辑地址的低 12 位结合,产生 20 位物理地址,按此地址对存储器进行读/写。

系统程序员可以使用 XIO 特权指令对某页存储区进行写或执行保护,也可以配给锁码和钥匙码,违反保护规则的读/写行为将被阻止并报告错误故障。

4.1750A 多机系统的构造

(1)机载计算机内总线 EL-BUS。在航空电子系统里,部分国家将 1750A CPU 的数据、地址、控制线(完成与存储器、I/O 设备之间信息通信)作为计算机内的标准总线。其设计充分考虑到了便于维修的航空特色,信号线不复用,增设了测试信号线。一般将控制数据传输的设备定义为"总线主设备",而被动地接收数据的设备定义为"从设备"。1750A 共设置了 6 类信号线:

1)数据类信号线。

DAT0~DAT15:16 条数据线(双向)。用于发送或接收来自存储器和 I/O 设备的信息。

BSTRBD:数据选通(输出)。有效表示主设备数据已发出。

BRDYD:数据准备好(输入)。有效表示从设备数据已经准备好。

2)地址类信号线。

ADR0～ADR15：16 条地址线（单向）。用于发送存储器或 I/O 设备地址。不用 MMU 时，直接使用这 16 条线。使用 MMU 时，ADR0～ADR3 作为逻辑页面地址输入到 MMU 中，产生扩展地址线 EADR0～EADR7 给出物理页面地址，其与 12 条低有效位地址 ADR4～ADR15 共同形成物理存储器地址。

LSTRBK，逻辑地址选通（输出）。表示总线上的地址是逻辑地址。

PSTRBA：物理地址选通（输出）。表示总线上的地址是物理地址，此信号由 MMU 产生。

BIOM：存储器输入/输出请求（输出）。有效表示地址线上的是存储器地址，无效表示是接口地址。

BRDM：写/读（输出）。有效表示信息是从总线主设备写到总线从设备，无效表示反方向的读。

BDI：指令/数据选通（输出）。表示有效 CPU 要读/写指令存储器，无效表示要读/写数据存储器。

3）中断类信号线。

PFINT：电源故障中断（输入）。它是最高级中断源，而且不可以屏蔽。

UINT2，UINT8，UIN10，UINT11，UINT13，UINT15：用户 0～5 级中断（输入）。

IOINT1，IOINT2：外部 I/O1，I/O2 中断（输入）。

INTACK：中断应答（输出）。CPU 在中断周期中发出，表示将对中断进行响应。

4）总线仲裁类信号线。多个总线主设备使用总线前均需向仲裁器（通常是 CPU）发出请求，只有得到仲裁器允许的设备才能成为当前的总线控制器，使用一个周期的总线，一般一个总线周期指完成一个字数据传送。

REQ0～REQ5：总线请求线（输入）。由申请总线控制权的诸设备发出，优先级按 0～5 递减。

BGNT0～BGNT5：总线响应线（输出）。由总线仲裁器发出的允许信号。

BCLK：系统时钟（输入）。用来使总线主设备、总线从设备和总线仲裁器之间同步。

BUSY：总线忙（双向）。由当前总线主控制发出，其他总线控制器监视此信号。一个 BUSY 信号状态的改变，意味着一个总线周期的结束和另一个新的总线周期的开始。

BLOCK：总线锁定（双向）。有效表示总线已被当前的总线主控制器锁定，其他控制器不能使用。

5）测试类信号线。此类信号是 1750A 所独有的，目的在于方便研制、综合、生产、维护过程中的测试和调试。

EXCLKEN：外部时钟选择（输入）。有效表示系统选择 EXTCLK 作系统时钟，无效表示选择 BCLK 作系统时钟。

EXTCLK：外部时钟（输入）。

DISMEM：禁止使用存储器（输入）。用于外界加入仿真存储器。

EXTWAIT：外部等待（输出）。用于延长总线周期或等待某特定外部事件的发生。

STOPCNT：停止计数（输入）。有效表示禁止 CPU 内定时器 A 和 B 计数工作。

INHWDOG：禁止看门狗（输入）。有效表示禁止 CPU 内触发器计数（GO 功能）。

DMACYC：DMA 总线周期（输出）。有效表示 DMA 在占用总线。

BSNEW：取指令周期（输出）。有效表示开始一个新的取指令工作。

CONREQ:控制台请求(输入)。有效表示要启动控制台工作。

6)附加类信号线。

AS0～AS3:页面寄存器组地址(输出)。

AK0～AK3:存储保护键码(输出)。

SCR0～SCR3:SCR 寄存器状态(输入)。

BMPAREER:数据奇偶错(输出)。

CORRERR:错误已纠正(输出)。

SYSFAIL:系统故障(输出)。

RIESET:系统复位(输入)。有效将使系统及 CPU 复位。

BGLOBPOT:存储器保护(输入)。有效表示全部存储器是写保护的。

根据 L-BUS,1750A 可以组成最小的基本系统,也可经扩充构成多机系统。

(2)基本系统。基本系统如图 12.3 所示。此系统是最简单的结构,以 CPU 为主,不使用 MMU,BPU,DMA,协处理器,直接与存储器及接口连接。在连接存储器时,可以使用 17 位选择线即地址线 ADR0～ADR15。指令/数据选择线 BDI,构成数据和程序各为 64KW 的小容量系统。也可使用 21 位选择线,即 16 根地址线 ADR0～ADR15、4 根地址状态线 AS0～AS3 及 1 根指令/数据选择线 BDI,构成高达 2MW 的大容量系统。

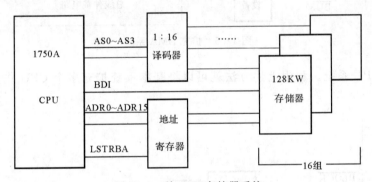

图 12.3　单 CPU 存储器系统

(3)扩充 MMU 系统。基本系统中再增加 MMU 部件,可使内存扩大到最大 32KW,并可以实现页面存储保护(见图 12.4)

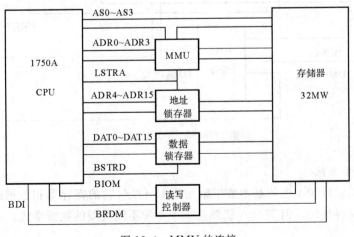

图 12.4　MMU 的连接

（4）扩充 DMA 系统。基本系统加入简单的总线仲裁电路，就可以接入 DMA 控制器（见图 12.5）。

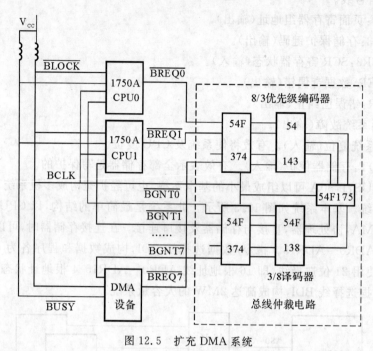

图 12.5　扩充 DMA 系统

（5）扩充 CPU 系统。利用上述方法就可以将基本系统扩充多个 CPU 作为总线扩展器（见图 12.6）。

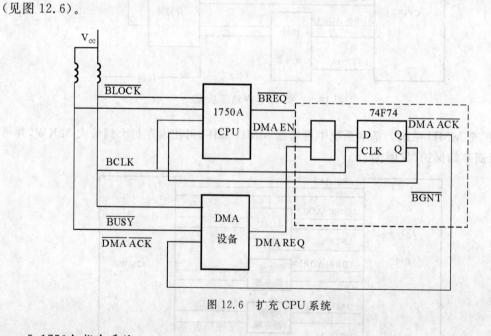

图 12.6　扩充 CPU 系统

5.1750A 指令系统

（1）数据格式。1750A 中的基本数据单元是 16 位字，它的寄存器和数据线都是 16 位的，存储器也是 16 位寻址的。但 1750A 仍然提供了 4 种不同类型的数据格式。

1)单精度定点数:单精度 16 位定点数表示为 16 位二进制代码。其最高有效位为符号位。

2)双精度定点数:双精度 32 位定点数表示为 32 位二进制补码,其最高有效位为符号位。

3)浮点数:尾数为 24 位补码,阶码为 8 位补码。其格式如下:

D0	D1…D23	D24	D25…D31
SM	M	SE	E

4)扩展精度浮点数,尾数扩展为 40 位补码,阶码仍为 8 位补码。其格式如下:

D0	D1…D23	D24	D25…D31	D32…D47
SM	M	SE	E	M1

(2)寻址方式。1750A CPU 提供了 11 种寻址方式。存储器是以 16 位字为单位编址的,CPU 访问 32 位双字时,要求其位于低地址开始的相邻单元中。

1)立即数寻址。这种寻址方式的操作数一般由指令的数据段直接给出。

①短立即数寻址(IS):指令带有 4 位二进制数。可以作正数使用,也可以作负数使用。

②长立即数寻址(IM):指令中直接带有 16 为二进制数,或指令所带短立即数与变址寄存器中的数据相加得到 16 位二进制数。

2)寄存器寻址(R)。这种寻址方式的操作数存储在指令指定的寄存器中。

3)存储器寻址。这种寻址方式操作数存放在存储器中,其地址给出方式有多种。

①存储器直接寻址(D):指令直接给出了操作数地址。

②存储器直接变址寻址(DX):指令给出的地址与变址寄存器的内容之和为操作数的地址,寄存器 R1~R15 都可以作变址寄存器用。

③存储器间接寻址(I):指令给出的地址中存放的是操作数的地址。

④存储器间接变址寻址(IX):指令给出的地址与变址寄存器的内容相加得到的是中间地址,在此地址单元中存放的是操作数的地址。

⑤存储器基地址寻址(RB):基址寄存器内容与指令给出的 8 位地址相加得到操作数的地址数的地址。

⑥存储器基址变址寻址(RX):基址寄存器的内容与变址寄存器的内容之和为操作数的地址。

4)相对寻址(ICR)。这种寻址方式用于转移指令中,其转移地址由当前指令地址(即 IC)减 1,加上指令给出的 8 位偏移量得到,其偏移范围是 $-128 \sim +127$。

5)特殊寻址(S)(较少使用)。

现在将寻址方式的表达方法约定如下,见表 12.2。

表 12.2 寻址方式表达约定表

寻址方式	命令段后缀	数据段显示	寻址解释	缩写表示
短立即数寻址	IM	N4P,N4M	N4P 为 0~15, N4M 为 $-1 \sim -16$	NI
长立即数寻址	IM	N	N 为 16 位二进制数	
寄存器寻址		R,R1	R,R1 可为 R0~R15	

续 表

直接寻址		D	地址为 D	D(RX)
直接变址寻址		D、RX	地址为 D+RX	
间接寻址	I	D	地址为 D	D(RX)
间接变址寻址	I	D、RX	地址为 D+RX	
基址寻址	B	RB	地址为 RB	D(RX)RB
基址变址寻址	B	D、RX、RB	地址为 D+RX+RB	
相对寻址		E	偏移地址为 E(−128～+127)	

(3)传送类指令。

1)立即数存取。

取:LIM　R,NI

存:ST　N4,D(RX)

2)寄存器之间传送。

单精度定点数:LR　R,R1

双精度定点数:DLR　R,RI

扩展精度浮点数:EFLR　R, R1

3)寄存器与存储器传送(见表12.3)。

表 12.3　寄存器与存储器传送指令

寻址方式	数据格式	操　作	指令格式
直接寻址	单精度定点数	取	L　R,D(RX)
		存	ST　R,D(RX)
	双精度定点数	取	DL　R,D(RX)
		存	DST　R,D(RX)
	扩展精度浮点数	取	EFL　R,D(RX)
		存	EFST　R,D(RX)
基址寻址	单精度定点数	取	LI　R,D(RX)
		存	STI　R,D(RX)
	双精度定点数	取	DLI　R,D(RX)
		存	DSTI　R,D(RX)
间接寻址	单精度定点数	取	LB　R2,(D)(RX)RB
		存	STB R2,(D)(RX)RB
	双精度定点数	取	DLB　R0,(D)(RX)RB
		存	DSTB　R0,(D)(RX)RB

4)数据块传送(见表 12.4)。

表 12.4　数据块传送

寻址方式	数据格式	操 作	指令格式
寄存器与存储器传送		取	LM　N,D(RX)
		存	STM　N,D(RX)
存储器内传送			MOV　R,R1

5)半字传送(见表 12.5)。

表 12.5　半字传送指令

寻址方式	数据格式	操 作	指令格式
直接寻址	高字节	取	LUB　R,D(RX)
		存	STUB　R,D(RX)
	低字节	取	LIB　R,D(RX)
		存	STLB　R,D(RX)
间接寻址	高字节	取	LUBI　R,D(RX)
		存	STUBI　R,D(RX)
	低字节	取	LLBI　R,D(RX)
		存	STLBI　R,D(RX)

6)屏蔽传送。

SRM　R，D（RX）

7)进出校取存。

取:POPM　R,R1

存:PSHM　R，R1

(4)输入/输出类指令。输入/输出类指令完成外部/内部设备与寄存器之间的数据传送。它们是特权指令。指令中设备地址的给出,使用两种寻址方式,即直接寻址和直接变址寻址。直接寻址由指令直接给出 16 位设备地址,变址寻址由指令给出 16 位数与变址寄存器中的数据相加给出 16 位设备地址。数据传送方向也由地址决定。

其指令格式为:XIOR，D(RX)

(5)运算类指令。

1)加法指令(见表 12.6)。

表 12.6 加法指令

数据格式	指令格式	数据格式	指令格式
单精度整数加	AR RA,RB	浮点加	FAR RA,RB
	AB BR,DSPL		FAB BR,DSPL
	ABX BR,BX		FABX BR,BX
	AISP RA,N		FA RA,ADDR,RX
	A RA,ADDR	扩展精度浮点加	EFAR RA,RB
	A RA,ADDR,RX		EFA RA,ADDR
	AIM RA,DATA		EFA RA,ADDR,RX
双精度整数加	DAR RA,DATA	双精度整数加	DA RA,ADDR

2)减法指令(见表 12.7)。

表 12.7 减法指令

数据格式	指令格式	数据格式	指令格式
单精度整数减	SR RA,RB	双精度整数减	DS RA,ADDR,RX
	SBB BR,DSPL	浮点减	FSR RA,RB
	SBBX BR,RX		FSB BR,DSPL
	SISP RA,N		FSB XBR,RX
	S RA,ADDR		FS RA,ADDR
	S RA,ADDR,RX		FS RA,ADDR,RX
	SIM RA,DATA		EFSR RA,RB
双精度整数减	DSR RA,RB	扩展精度浮点减	EFS RA,ADDR
	DS RA,ADDR		EFS RA,ADDR,RX

3)乘法指令(见表 12.8)。

表 12.8 乘法指令

数据格式	指令格式	数据格式	指令格式
16 位积的单精度乘	MSR RA,RB	双精度整数乘	DMR RA,RB
	MISP RA,N		DM RA,ADDR
	MISN RA,N		DM RA,ADDR,RX
	MS RA,ADDR	浮点乘	FMR RA,RB
	MS R,ADDR,RX		FMR BR,DSPL
	MSIM RA,DATA		FM BXBR,RX
32 位积的单精度乘	MR RA,RB		FM RA,ADDR
	MB BR,DSPL		FM RA,ADDR,RX
	MBX BR,RX	扩展精度浮点乘	EFMR RA,RB
	M RA,ADDR		EFM RA,ADDR
	IW RA,ADDR,RX		EFM RA,ADDR,RX
	MIM RA,RB		

4)除法指令(见表 12.9)。

表 12.9 除法指令

数据格式	指令格式	数据格式	指令格式
被除数为 16 位的单精度除	DVR RA,RB	双精度整数除	DDR RA,RB
	DISP RA,N		DD RA,ADDR
	DISN RA,N		DD RA,ADDR,RX
	DV RA,ADDR	浮点除	FDR RA,RB
	DV RA,ADDR,RX		FDB BR,DSPL
	DVIM RA,DATA		FDBX BR,RX
被除数为 32 位的单精度除	DR RA,RB		FD RA,ADDR
	DB BR,DSPL		FD RA,ADDR,RX
	DBX BR,RX	扩展精度浮点除	EFDR RA,RB
	D RA,ADDR		EFD RA,ADDR
	D RA,ADDR,RX		EFD RA,ADDR,RX
	DIM RA,DATA		

5)比较指令(见表 12.10)。

表 12.10　比较指令

数据格式	指令格式	数据格式	指令格式
单精度比较	CR，RA,RB	上下限比较	CBL RA,ADDR
	CB BR,DSPL		CBL RA,ADDR,RX
	CBX BR,RX	浮点比较	FCR RA,RB
	CISP RA,N		FCB BR,DSPL
	CISN RA,N		FCBX BR,RX
	C RA,ADDR		FC RA,ADDR
	C RA,ADDR,RX		FC RA,ADDR,RX
	CIM RA,ADDR,RX	扩展精度浮点比较	EFCR RA,RB
双精度比较	DCR RA,RB		EFC RA,ADDR
	DC RA,ADDR		EFC RA,DDR,RX
	DC RA,ADDR,RX		

6)逻辑指令(见表 12.11)。

表 12.11　逻辑指令

数据格式	指令格式	数据格式	指令格式
逻辑或	ORR RA,RB	逻辑与	ANDR RA,RB
	ORB BR,DSPL		ANDB BX,DSPL
	ORBX BR,RX		ANDBX BR,RX
	OR RA,ADDR		AND RA,ADDR
	OR RA,ADDR,RX		AND RA,ADDR,RX
	ORIMA RA,DATA		ANDM RA,DATA
逻辑异或	XORR RA,RB	逻辑与非	NR RA,RB
	XOR RA,ADDR		NRA ADDR
	XOR RA,ADDR,RX		NRA ADDR,RX
	XORIM RA,DATA		NIIM RA,DATA

(6)转移及转子类指令(见表 12.12、表 12.13)。

表 12.12　转移及转子类指令

数据格式	指令格式	数据格式	指令格式
条件转移	JC　C,LABEL	减一不为零转移	SOJ　RA,LABEL
	JC　C,LABEL,RX		SOJ　RA,LABEL,RX
	JCI C,ADDR	转移到执行调用	BEX　N
	JCI C,ADDR,RX	转子指令	JS　RA,LABEL
			JS　RA,LABEL,RX

表 12.13　条件码表达

标志码	转移条件	助记符 C	标志码	转移条件	助记符 C
0000	空操作	NOP	0101	不等于零	NE,NEZ
0001	小于零	LTLZM	0110	大于或等于零	GE,GEZ
0010	等于零	EQ,EZ	0111	无条件转移	
0011	小于或等于零	LE,LEZ	1000	有进位	CY
0100	大于零	GI,GZ,P			

(7)移位及位操作类指令(见表 12.14)。

表 12.14　移位及位操作类指令

数据格式		指令格式	数据格式	指令格式
逻辑移位	单字左移	SLL　RB,N	测试位指令	IBI　N,ADDR,RX
	单字右移	SRL　RB,N		SBR　N,RB
	双字左移	DSLL　RB,N		RBR　N,RB
	双字右移	DSRL　RB,N		SB　N,ADDR
算术移位	单字右移	SRA　RB,N		RB　N,ADDR
	双字右移	DSRA　RB,N		SB　N,ADDR,RX
循环移位	单字左移	SLC　RB,N	置/复位指令	RE　N,ADDR,RX
	双字左移	DSLC　RB,N		SBI　N,ADDR
测试位指令		IBR　N,RB		RBI　N,ADDR
		IB　N,APDB		SBI　N,ADDR,RX
		IB　N,ADDR,RX		RBI　N,ADDR,RX
		IBI　N,ADDR		

(8)其他指令。

1)空操作指令:NOP。

2)自定义指令:BIFOP. OE。

3)断点指令:BPT。

12.2.2 大气数据计算机

大气数据信息即气流的全压、静压和大气全温。大气数据计算机通过对大气数据的计算输出气压高度、高度变化率、指示空速、真空速、马赫数、大气全温和静温等参数到相应的仪表和飞机系统。例如:自动飞行控制系统、导航系统、发动机及其指示系统等。在大型商业飞机上,大气数据系统是非常重要的系统,在典型飞机上一般安装3套。

大气数据系统由传感器、大气数据计算机及大气数据仪表等组成。传感器主要有全静压传感器、总温传感器,另外,为了准确地解算出各种数据,还需迎角传感器。大气数据计算机除对上述数据进行处理和计算外,还要对静压源误差进行校正。

从飞机的发展历程来看,大气数据计算机有3种类型,第一种类型是模拟式大气数据计算机(ADC),它为机电式伺服仪表提供信号;第二种类型是数字式大气数据计算机(DADC),它用于现代飞机上,其输出数据通过数据总线传送各数字仪表;第三种类型是混合式大气数据计算机,它实际上属于一种现代数字式计算机,既可以输出数字数据,也可以输出模拟信号,因此,它可以取代模拟式大气数据计算机。

1. 模拟式大气数据计算机

模拟式大气数据计算机由高度组件、空速组件和马赫组件3部分组成。它们对全压、静压及大气全温进行处理,并将计算出的模拟信号输出到相应的仪表和其他设备,如图12.7所示。

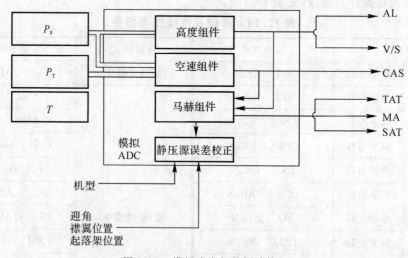

图 12.7 模拟式大气数据计算机

高度组件将静压转换为模拟气压高度和升降速度信号。空速组件计算出全压与静压之差,即动压,并将其转换为校准空速。高度组件和空速组件的输出加到马赫组件,在该组件中计算出马赫数。如果将大气全温也输入到马赫组件,则它还输出真空速(TAS)和大气静温(SAT)。

另外,大气数据计算机还对静压源误差进行校正(SSEC)。静压源误差主要取决于马赫数、静压孔的位置、机型、迎角、襟翼位置和起落架的位置。静压源误差校正与马赫数和迎角的关系曲线如图 12.8 所示。

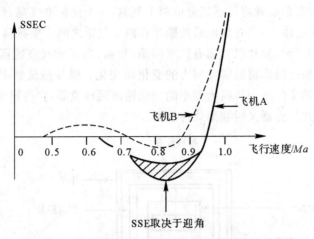

图 12.8　静压源误差校正与马赫数和迎角的关系曲线

2.数字式大气数据计算机

数字式大气数据计算机,简称 DADC,多用于现代飞机。它们也接收全静压信号和全温信号。然而,在 DADC 中使用的传感器与模拟式的不同,它采用同种类型的传感器敏感全压和静压信号。因此,在介绍 DADC 之前,首先对其使用的压力传感器进行简单的描述。

另外,由于迎角(α)和侧滑角(β)是大气数据系统中产生静压源误差的因素之一,因此,大气数据计算机还要接收角度传感器的信号,当然,也有必要对角度传感器进行介绍。

(1)传感器。

1)压阻式传感器。它是利用晶体的压阻效应制成的,所以,也称为压电晶体敏感元件。

如图 12.9 所示,晶体膜片将传感器分为两个气室,右气室充以标准压力,左气室敏感外界实际压力。膜片两侧的电阻构成图中所示的电桥。当外界实际压力与标准压力相等时,电桥达到平衡,输出为零。当外界实际压力与标准压力不相等时,膜片发生弯曲,因此,膜片的一边受压缩应力,另一边受拉伸应力,造成膜片两边的电阻不相等,使电桥不平衡,则电桥输出一定的电压,并且,这一电压随膜片的弯曲程度而改变。该电压再经过模/数(A/D)转换器将随压力变化的电压信号转换为数字信号。

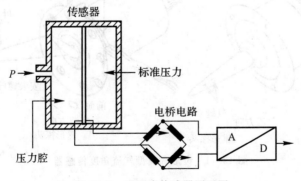

图 12.9　压阻式传感器原理图

2)压频式传感器。现在多数飞机的数字式大气数据计算机采用压频式传感器,其基本原理如图 12.10 所示。振荡膜片将传感器分成两个气室,一个是标准气室,另一个是实际压力气室。激励器安装在中心体上,当它加电后使膜片在两个气室之间产生振荡,当标准气室的压力与实际气室的压力相等时,膜片以其固有频率振荡;然而,当标准气室的压力与实际气室的压力不相等时,膜片的振荡频率将随实际压力的变化而变化。膜片振荡频率拾取器也安装在中心体上,它将敏感到的实际压力转换为频率的变化输出到转换器,它将频率变化转换为数字信号输出。因此,压频式传感器又叫频率式传感器。

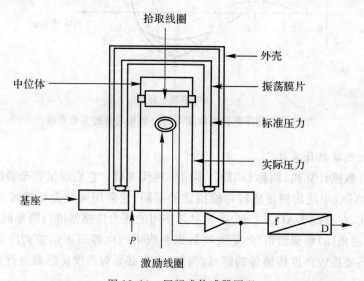

图 12.10 压频式传感器原理

3)角度传感器。在现代高速飞行的飞机上,迎角、侧滑角已越来越受到人们的重视,在DADC 中,对它们产生的静压源误差必须加以校正。

为测量迎角(α)和侧滑角(β),通常将传感器设计成能伸出到飞机外的气流中,但安装处应无扰动气流。常用的传感器形式见图 12.11,图中,左侧为锥形,右侧为翼形。

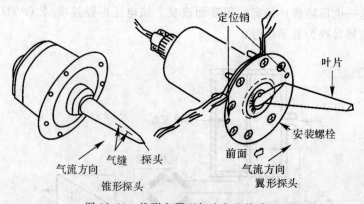

图 12.11 锥形和翼型气流角度传感器

翼形传感器即旋转风标式传感器,由于风标预先经过静力平衡,具有对称的剖面形状,故在飞行中它始终停留在使其本身的对称面与气流速度平行的方向上。所以,当传感器相对飞机的纵轴平行安装时,风标旋转的角度就是飞机迎角的值,传感器将这一角度值变换为相应的电信号输出。

锥形传感器是差动式传感器。它的探测部分主要是一个圆锥形管,在管子对称面上开有一条缝隙,以接收迎面来的气流。当气流不在缝隙所在的对称面上时,传感器便输出一个角度信号。

当安装为迎角传感器时,锥形管的中性面在飞机横轴和纵轴平面内,且圆锥的轴线与飞机的横轴平行。当锥形管的中性面在飞机的横轴和纵轴平面内,且圆锥的轴线与飞机的纵轴平行时,则为侧滑角传感器。

(2)数字式大气数据计算机。如图 12.12 所示,传感器输出的数字信号送到数字计算机内进行处理和运算,并在规定时间内对数据实时进行刷新。数字计算机还要对静压源误差等数据进行校正。为了校正静压源误差,通常 DADC 从设备的程序销钉中获取机型信息;从传感器中获取迎角和襟翼、起落架的位置信息,然后将其计算数据传送到各仪表,通过数据总线传输到其他设备。通常设备与设备之间传递数字信号所采用的格式为 ARINC429 格式。

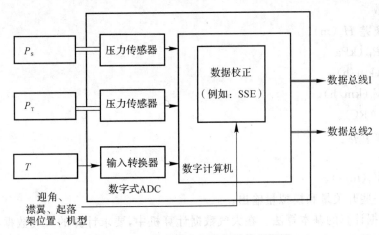

图 12.12　数字式大气数据计算机框图

(3)混合式大气数据计算机。混合式大气数据计算机可以用于替代模拟式大气数据计算机。其原理框图如图 12.13 所示。

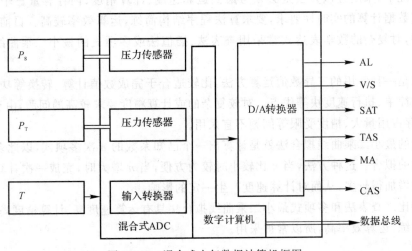

图 12.13　混合式大气数据计算机框图

从表面上看,混合式 ADC 与模拟式 ADC 的输入和输出信号类型基本相同。但从内部看,混合式 ADC 与 DADC 完全相同,它采用的也是数字计算机,数字数据输出同样采用数据总线,唯一不同是,混合式 ADC 的模拟输出信号是通过数/模转换器转换后得到的,当然,在做这种转换之前,必须要对所有的数字数据误差进行校正。

3. 大气数据计算机的数值计算

(1)大气数据计算机的基本输入/输出参数。

1)输入参数。

大气全压 P_t,原始量纲:mmHg(1mmHg=1.33kPa)。

大气静压 P_s,原始量纲:mmHg。

气压装定 P_{bs},原始量纲:V,转化后为 mmHg。

指示攻角 α_t,原始量纲:V,转化后为角度。

大气总温 T_t,原始量纲:V,转化后为 ℃。

大气动压 Q,原始量纲:mmHg, $Q_c = P_t - P_s$。

2)输出参数。

修正气压离差 H_c(m)。

气压装定 P_{bs}(kPa)。

真空速 V_t(km/h)。

指示空速 V_i(km/h)。

真攻角 α_t(ARC)。

大气密度比 ρ/ρ_0。

马赫数 Ma。

升降速度 V_p(m/s)。

此外还有一些开关量和摸拟量输出。

(2)大气数据计算的基本算法。在大气数据计算机中,要求计算的大气数据有两类:一是在输入量和输出量之间有明确数学表达式,但是这些数学表达式比较复杂,有些还是超越方程;二是在输入量和输出量之间没有明确的数学表达式,是一些只有通过实验测得的特性数据。在对大气数据的计算中,一般采用近似算法。

一般情况下,采用近似算法则必须考虑到运算速度、计算精度、内存容量三个约束条件。为适应大气数据计算的实时性要求,要求算法程序结构简练,运算效率较高。目前,在大气数据计算机中,对复杂的数学表达式常采用查表法、插值法或多项式的最小二乘曲线拟合法等算法。

查表法是一种常用的三导数值运算方法,比较适合于完成数值计算、转换等功能的运算。它具有结构简单、执行速度快等优点。对较复杂的或计算精度要求较高的问题,由于数据表相对很大、内存占用量大、精度受限等问题不宜采用。

多项式的最小二乘曲线拟合法就是计算出一个已知系数的 n 次多项式,以此多项式来实现对于参数的拟合。这种方法,当 n 比较小时较为方便,当 n 增大时,完成一次计算需要的乘法计算次数增加得较多,从而对计算速度产生一定的影响。

插值法比之查表法和多项式最小二乘曲线拟合法具有运算速度高、计算精度高的优点,且程序结构简练,运算效率高,所以常被采用。

　　一般情况下,当输入量和输出量之间为单值函数关系时,可以用 $N+1$ 个坐标点近似描述它,即用 N 段短线段逼近原来的函数曲线。插值法通过查阅存放在计算机存储器中的一定数量的表格,进行较少次数的乘法运算,就能得到要求的输出量。在分段数目 N 足够大时,其计算精度就较高,但是占用计算机内存空间容量也就较多。至于选择多少个分段点,应视函数曲线的斜率大小和精度要求来定。

　　大气数据计算中,对一些参数(Ma,V_i,V_t 等)无法通过求解函数方程求解,此时必须采用其他的方法求解。一般原则是,对比较简单的数值运算采用查表法计算,对比较复杂的数值运算采用工程计算中常用的分段线性插值法计算。

　　4.大气数据计算机软件功能

　　大气数据计算机有一整套工作程序。以某大气数据计算机为例,这套工作程序包含管理程序、计算处理程序和调用子程序块三大部分,此外还有一套供查阅的数据表格。其中管理程序又分为 PEXEC1 和 PEXEC2 模块。PEXEC1 程序模块包括初始化处理和输入处理等程序,PEXEC2 程序实现对全部计算、数据处理、修正等管理工作。计算处理程序将输入到计算机的信息按照大气数据计算方程式进行求解,经各种误差修正,形成输出数据。计算处理程序占整个工作程序的绝大部分。调用子程序块存放执行计算处理程序时常用到的子程序,这些子程序共有几十个之多,主要包括大气数据的计算,修正和补偿,大气数据的输出,数据的转换,查表程序,函数插值程序,A/D 和 D/A 转换程序,BCD 码到二进制码的转换,二进制码到 BCD 码的转换,告警程序等。

　　此外,还包括各种中断服务子程序以及由离散量输入口接收的离散命令(如自测)所对应的各种处理子程序。

　　整个工作程序的执行周期为 25ms。

12.2.3　飞行控制计算机及系统

　　1. 数字式自动飞行控制系统组成

　　现代飞机上的自动飞行控制系统以计算机为核心,实现了对大容量复杂控制规律的高精度高可靠性的多种功能的自动控制,构成了数字式自动飞行控制系统。

　　飞机数字式飞行控制系统的种类多,就多数系统而言,主要由下述各部分组成,如图12.14所示。

　　(1)被控对象:飞机,也可以是各种飞行器。

　　(2)飞机运动参数的测量传感装置,如惯性参考系统或垂直陀螺仪、角速率陀螺仪、迎角传感器和侧滑角传感器等。

　　(3)驾驶员指令输入装置,其作用是使驾驶员可通过该装置输入所需的指令,主要包括驾驶杆、方向舵脚蹬以及其他可输入指令的控制按钮等。

　　(4)飞行控制计算机及其外围通道,这是整个飞行控制系统的核心。它采集飞机运动参数及驾驶员的输入指令,并按控制算法及逻辑产生控制指令,再通过执行机构控制飞机的运动。

　　(5)包括舵机在内的舵回路。它是一个机电变换装置,将计算机的指令经舵回路驱动飞机的操纵舵面,实现对飞机运动的控制。

　　为了提高飞机飞行的可靠性,目前数字式飞行控制系统的软件和硬件都采用冗余技术,构成三余度或四余度系统,即系统中的主要部件配置相同的几套,按一定的管理方式并联工作。

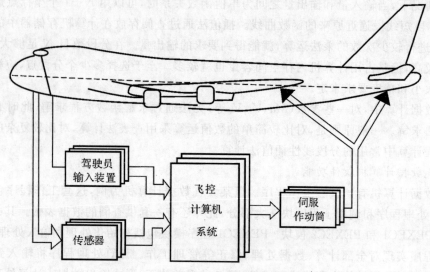

图 12.14　数字式飞行控制系统的构成

2.飞行控制计算机的主要功能

飞行控制计算机是飞行控制系统的主要部件,其主要功能:

(1)采集驾驶员输入指令及飞机运动的反馈信号,并进行必要的处理;

(2)飞行控制系统工作方式的管理和控制;

(3)计算不同工作方式下的控制律,并生成必要的控制指令;

(4)对各种控制指令的输出和管理;

(5)对飞行控制系统中各传感器及伺服作动筒进行余度管理;

(6)对飞行控制本身的硬件及软件进行余度管理与检测;

(7)完成飞行前地面及飞行中在机内对系统各子系统及部件的自动检测;

(8)完成与飞机上其他任务的计算机及电子部件的信息交换的管理。

3.飞行控制计算机组成原理

从硬件上来划分,飞行控制计算机由以下四个部分组成:

(1)数字处理部分。该部分是计算机系统的核心,主要完成整机管理、控制算法以及余度算法的计算。它一般包括主处理器、不同类型的内部存储器以及输入/输出接口、时钟发生器、中断控制等。

一般来说,数字处理部分中还包括定时监控电路,用于 CPU 故障及计算机监控软件故障的检测;包括奇偶位检测,用于奇偶校验;此外,飞行控制计算机的数字处理部分还包括离散量输入/输出模块、离散量输入/输出多路转换器,以使 CPU 与多个离散输入/输出通道进行通信。

(2)输入/输出部分。飞行控制计算机的每个通道的输入/输出部分包括模拟输入/输出模块以及余度交叉通道数据交换模块,以及多路传输的接口模块。

飞行控制计算机的模拟信号可能是交流信号,也可能是直流信号。对直流信号而言,一般要先经过信号整理电路进行信号梳理后送到多路转换开关,按一定速率进行模/数转换;交流信号则一般先进行解调,而后进行 A/D 转换。计算机的输出信号经 D/A 变换后送往模拟信号处理部分,经必要的处理后,作为伺服放大器的输入指令。

多路传输总线接口模块,使飞行控制计算机和飞机上的其他电子设备相连,以便相互交换信息。为了使飞行控制系统挂到总线上进行数据交换,应设置远距终端及总线控制器。终端主要完成数据的编辑/译码和发送/接收功能,控制器主要完成通信功能,可用微处理器承担,所交换的信息可存放在局部专用的暂时存储器里。

交叉数据模块是用来在各余度计算机之间交换信息的。各通道的飞行控制计算机通过发送器以广播发送形式由单一数据通道将信息同时发送到其他通道,每个通道的计算机通过相互独立的三条数据通道接收其他飞行控制计算机来的信息。

(3)模拟处理部分。一般来说,飞行控制计算机中模拟处理部分主要是由各种模拟电子部件功能模块组成的,其主要作用是为伺服作动筒提供一定的模拟指令信号,并当来自数字处理部分或输入/输出部分的信号出现类似故障时,提供必要的信号输出,实现模拟备份作用,保证系统的安全工作。这部分的构成应根据具体的伺服作动筒信号处理要求、余度管理方案以及模拟备份方案来确定。

(4)电源部分。飞行控制计算机从飞机电源系统接收 28V 直流电和 115V,400Hz 交流电。电源模块进行必要的电源变换及电压调节,提供所要求的如 +12V,+5V 等各种电源。

由于飞行控制计算机是静电敏感器件,所以,对它的任何操作都必须严格遵守静电敏感器件的保护规定。

4. 飞行控制计算机的基本工作原理

(1)飞行控制计算机的信号交联关系。飞行控制计算机接收来自飞行管理计算机、方式控制面板及各传感器信号,完成相应计算,输出相应舵面控制指令、控制逻辑及显示指令等。

1)飞行控制计算机的输入信号。飞行控制计算机的输入信号有 3 种形式:数字信号、模拟信号和离散信号。数字信号一般由 ARINC429 接收机接收后,由飞行控制计算机的 DMA 控制器读入内存;离散信号也是由 DMA 处理,经锁存后读入 RAM 相关单元;而模拟信号要先进行 A/D 转换后再由 DMA 读入。

向飞行控制计算机提供输入信号的主要系统与部件有飞行管理计算机、惯性基准系统、大气数据计算机、甚高频导航接收机、仪表着陆接收机、自动油门或推力管理计算机、低高度无线电高度表、安定面和襟翼位置传感器、方式控制面板、其他的飞行控制计算机以及其他测量必要参数的飞机系统传感器。

2)飞行控制计算机的输出信号。飞行控制计算机在飞机的起飞阶段提供飞行指引指令,起飞后直到自动着陆的全过程中提供自动驾驶/飞行指引指令、自动配平指令、工作方式的显示与警告、提醒信息等输出。

其输出经接口电路处理后形成 ARINC429、离散信号、模拟控制信号等,分别送到方式控制面板、沿 3 个轴的伺服作动器、电子飞行仪表、自动驾驶仪接口组件、其他的飞行控制计算机、自动油门或推力管理计算机、飞行数据记录器、其他相关系统及部件。

(2)飞行控制计算机的工作原理。飞行控制计算机是整个飞行控制系统的核心,它采集驾驶员的控制与输入指令以及飞机的运动参数,并按指定的逻辑与控制算法产生控制指令,通过执行机构控制飞机的运动;负责信号处理、控制率计算、信号接口、系统监视等主要工作。

1)飞行控制计算机的功能模块。飞行控制计算机完成各种功能计算,是由其内部不同的功能模块来实现的。

其主要的功能模块有以下几种。

①方式及衔接连锁模块。根据方式及衔接连锁逻辑、方式控制面板上的输入与选择指令、飞机运动参数传感器测量到的飞机运动状态来确定所选择方式的有效性,控制方式计算模块和指令计算模块的工作。

②方式计算模块。在方式及衔接连锁的控制下,计算出有效的工作方式,使自动驾驶伺服指令计算模块选择相应的控制规律及输入信号,完成自动驾驶指令的计算。

③自动驾驶伺服指令计算模块。根据方式及衔接连锁模块、方式计算模块的信息,选择相应的控制律及输入信号,完成自动驾驶伺服指令的计算,输出到自动驾驶伺服回路,实现对舵面的自动控制,从而实现飞机飞行状态及参数的控制。

④飞行指引指令计算模块。根据方式及衔接连锁模块、方式计算模块的信息,选择相应的控制律及输入信号,完成飞行指引指令的计算,输出到电子飞行仪表系统的符号发生器,产生相应的飞行指引指令。

⑤自动配平指令计算模块。根据方式及衔接连接模块、方式计算模块的信息,飞机的运动参数及系统的工作参数,计算相应的配平指令,实现自动配平(如速度配平、马赫配平等)。

⑥数据收/发控制模块。用于控制数字信号的接收与发送。

⑦系统状态监控模块。监控整个飞行控制系统的工作状态,如发现故障,则输出故障信息到显示系统及飞行数据记录器,并自动断开自动驾驶仪。该模块可进行舵面位置监控、自动驾驶仪作动器监控、飞行控制计算机的指令监控等。

2)飞行控制计算机的基本工作原理。飞行控制计算机的基本功能是实现自动指令的计算与输出,所进行的指令计算是围绕两个基本回路,即内回路和外回路来进行的,如图 12.15 所示。

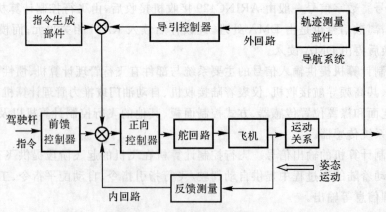

图 12.15　内回路和外回路

内回路是由自动驾驶仪中控制飞机姿态的俯仰通道和倾斜通道所构成的,它是将实际姿态和指令姿态进行计算比较,得出姿态偏差信号,再按照一定的控制律计算舵面偏转角度和角速度,控制与操纵飞机的姿态运动或称角运动。

外回路则根据系统的工作方式及飞行参数,根据飞机飞行的目标参数与实际运动参数的偏差,计算出目标姿态,作为内回路的输入,主要是控制飞机质心的轨迹运动。

在大多数飞机上,自动驾驶仪可以以指令方式和驾驶盘操纵方式衔接,而每套自动驾驶仪又由倾斜通道和俯仰通道组成。当自动驾驶仪衔接在 CMD 方式时,飞行控制计算机根据飞行管理计算机、方式控制面板以及飞机的运动参数等输入信号依次进行外回路和内回路的计算,然后通过输出接口将指令送到伺服回路,通过动力控制组件控制舵面;当自动驾驶仪以 CWS 方式衔接时,驾驶员通过驾驶盘带动与其相固连的力传感器或角位置传感器,将操纵信号变换成电信号,并通过输入接口送给飞行控制计算机,飞行控制计算机依次进行外回路和内回路的计算,输出指令通过输出接口送到伺服回路,通过动力控制组件控制舵面。

(3)飞行控制计算机的软件组成及功能。对于多余度飞行控制系统,除配置必要的硬件外,还必须具备完善可靠的相应软件。飞行控制系统的软件通常由以下部件组成。

1)飞行控制软件。飞行控制软件因系统的硬件配置不同而各不相同,但通常包括以下内容:

①管理执行程序。用于完成任务调度、数据块的组织;系统工作方式的管理与控制;中断处理;各余度计算机间的交叉通道的数据传递;各余度计算机间的帧频同步。

②余度管理模块。又可分为传感器、伺服器余度管理模块;计算机余度管理以及整机余度降级策略和算法计算等模块。

③控制律计算模块。包括纵向控制律、横侧向控制律计算;边界限制计算;外回路控制律计算;大气数据修正计算;备份方式控制计算等。它将飞控系统的有关数据传送给其他系统,并将来自其他系统的数据进行处理后,传送到相应模块。

④数据管理模块。管理飞行控制系统与机载电子系统,完成计算机的数据交换。

2)操作系统。操作系统用于地面上的编程与检查,它使飞行控制计算机与地面间建立通信所需的软件,驻留在飞控系统检测控制台的可编程只读存储器里。

3)故障诊断软件。故障诊断软件是指飞行控制系统的机内自检程序。它可分为飞行前地面机内自检和飞行中机内自检两种。飞行前系统自检包括空中部件的机内自检、故障定位和切换逻辑,飞行中机内自检多利用后台计算时间循环往复地进行。

4)支持软件。支持软件指的是进行飞控软件开发时所需的软件。一般它包括汇编、宏处理、列表打印、输入输出、连接编辑等软件,它应在选定的开发计算机上进行。由于飞控软件需要很高的实时性,所以一般采用较为低级的开发语言如汇编语言、C 语言等来编程。

12.3　项 目 实 现

12.3.1　实施步骤

(1)选用合适的拆卸工具对飞行控制计算机进行拆卸;

(2)连接检测计算机对飞行控制计算机进行检测;

(3)填写检测报告;

(4)对飞行控制计算机进行维护和故障维修;

(5) 选用合适的拆卸工具对飞行控制计算机进行安装。

12.3.2 项目实施

工卡标题 Title	飞行控制计算机故障检测与维修				
机型 A/C Type	N/A		工种 Skill		AV
机号 REG. NO.	N/A		工作区域 Zone		机载设备维修实训室
版本 Revision	R0		工时 Manhours		8
参考文件 Ref.	飞机维护手册(AMM)				
注意事项 Cautions	1.用电安全 2.根据说明书使用设备 3.注意静电防护				
编写/修订 Edited By		审核 Examined By		批准 Approved By	
日期 Date		日期 Date		日期 Date	

工量具/设备/材料(TOOL/EQUIPMENT/MATERIAL):					工作者 Perf. By	检查者 Insp. By
类别	名称	规格型号	单位	数量		
工具设备	静电防护盒	B14	个	1		
	兆欧表		块	1		
	数字式万用表	UT56	块	1		
	防静电腕带	LEKO 有绳	个	1		
	工具箱(拆装)		套	1		
	检测设备					
材料	垫布		个	若干		
	标示牌		个	若干		
	润滑油		个	若干		
	保险丝		根	若干		

1. 工作任务
Requirement

飞行控制计算机故障检测与维修

续 表

2. 工作准备 Job Set-up	工作者 Perf. By	检查者 Insp. By
(1)准备好拆卸工具及检测仪表。		
(2)检查工具仪器的有效性,确保在其有效期内。		
(3)选择有效的技术文件。		
3. 工作步骤 Procedure	工作者 Perf. By	检查者 Insp. By
(1)飞行控制计算机故障检测。		
1)检查工具仪器的有效性,应该在有效期内。		
2)拆下无人机飞行控制计算机,正确摆放。		
3)使用连接电缆连接检测设备与飞控计算机。		
4)打开检测计算机电源,打开飞行控制计算机电源。		
5)启动检测计算机。		
6)打开直流电源。		
7)上电后,即可开始按照检测内容进行检测。		
8)开关量输入通道检测。		
9)开关量输出通道检测。		
10)频率信号检测。		
11)全部检测。		
12)结束检测:检测完成后,退出综合检测软件,并保存好检测数据文件;逐一切断电源,认真填写检测记录,形成检测报告。		
(2)飞行控制计算机故障维修。		
1)带上防静电手环,拆下飞行控制计算机机箱,对装箱位置用干擦布进行除灰工作,防潮工作。		
2)用兆欧表、万用表对机箱外部各方面进行检测,按手册进行维护。		
3)拆开机箱取出飞行控制计算机,对机箱进行除灰,确保其干燥,防潮。		
4)对飞行控制计算机主板及功能电路板进行除灰维护及检测,确保其表面不会出现故障。		
5)将飞行控制计算机装箱。		
6)按检测工卡进行检测,记录检测报告。		

续 表

7)飞行控制计算机硬件出问题时,应立即报告设计和生产单位,软件出问题时可进行相关软件的重新安装,也应停止使用并报告设计或生产单位。		
8)结束维护时认真填写记录,形成维护报告。		
4.结束工作 Close Out	工作者 Perf. By	检查者 Insp. By
(1)清点工具和设备。 (2)清扫现场。		

习题

1.简要说明大气数据计算机的工作原理。

2.简述大气数据计算机系统的基本组成。

3.简要说明 1750A 的 MC 处理外部中断的全过程。

4.简要说明 MMU 的地址变换过程。

5.1750A CPU 在不使用 MMU 时可以连接存储器的最大容量是多少?

6.1750A 计算机的页面地址寄存器位于何处?此系统的页面地址寄存器总共有多少个?它可以修改页面寄存器的指令是哪些?

7.1750A 计算机系统访问内存的数据区或程序区是由什么来区分的?

8.简要说明 1750A CPU 内部定时器 A 和 B 的使用方法和区别。

9.简要说明 1750A 中 MMU 的地址变换过程。

10.画出 1750A CPU 和 MMU 组成 32MW 存储器的连接图。

11.简述飞行控制计算机的主要功能。

12.简述飞行控制计算机的基本组成结构。

13.简述飞行控制计算机的基本工作原理。

参 考 文 献

[1]　刘燎原.基于 Proteus 的单片机项目实践教程[M].北京:电子工业出版社,2012.

[2]　林志琦.单片机原理接口及应用(C 语言版)[M].北京:中国水利水电出版社,2007.

[3]　王幸之,钟爱琴,王雷,等.AT89 系列单片机原理与接口技术[M].北京:北京航空航天大学出版社,2004.

[4]　王勇,于宏坤.机载计算机系统[M].北京:国防工业出版社,2008.

[5]　许文斌,曾全胜.单片机技术应用与实践[M].北京:清华大学出版社,2012.

[6]　杨暾,张伟.单片机技术及应用——基于 Proteus 仿真的 C 语言程序设计[M].北京:电子工业出版社,2012.

[7]　朱国军,王志敏,雷辉,等.机载计算机技术与应用[M].长沙:国防科技大学出版社,2002.

[8]　朱海洋,张莉,黄晓林.基于 Proteus 的单片机应用技术项目教程[M].北京:人民邮电出版社,2013.

[9]　郑连兴,任仁良.涡轮发动机飞机结构与系统(AV)下册[M].北京:兵器工业出版社,2006.

[10]　张天凡.完全手册——51 单片机 C 语言开发详解[M].北京:电子工业出版社,2008.

[11]　郑学坚,周斌.微型计算机原理及应用[M].3 版.北京:清华大学出版社,2012.

[12]　张毅刚,彭喜元,姜守达,等.新编 MCS－51 单片机应用设计[M].哈尔滨:哈尔滨工业大学出版社,2003.